职业教育任务引领型规划教材

# 建筑施工组织

张玉威　主编
赵天雨　主审

中国建筑工业出版社

图书在版编目(CIP)数据

建筑施工组织/张玉威主编.—北京:中国建筑工业出版社,2011.7
职业教育任务引领型规划教材
ISBN 978-7-112-13373-4

Ⅰ.①建… Ⅱ.①张… Ⅲ.①建筑工程-施工组织-教材 Ⅳ.①TU721

中国版本图书馆 CIP 数据核字(2011)第 141427 号

职业教育任务引领型规划教材

## 建筑施工组织

张玉威 主编
赵天雨 主审

\*

中国建筑工业出版社出版、发行(北京西郊百万庄)
各地新华书店、建筑书店经销
北京红光制版公司制版
北京市密东印刷有限公司印刷

\*

开本:787×1092 毫米 1/16 印张:9¾ 插页:1 字数:206 千字
2011 年 8 月第一版 2020 年 1 月第六次印刷
定价:20.00 元
ISBN 978-7-112-13373-4
(21119)

**版权所有 翻印必究**
如有印装质量问题,可寄本社退换
(邮政编码 100037)

本书是参照国家职业标准和行业岗位要求，结合学生的知识结构和特点而编写。主要内容包括三个部分：第1篇为施工组织设计准备知识的学习，第2篇为单位工程施工组织设计具体的编制内容及方法，第3篇则是单位工程施工组织设计实例。

本教材具有如下特点：以"任务引领"为原则和思路，按照企业的实际工作任务、工作流程组织教学内容；体现"理论够用，实践为重"的原则，根据专业理论需求，设置教材知识点；注重教学内容的综合性、实用性和可操作性，及时引入行业新知识、新规范，确保教学内容与行业需求接轨。

本书可作为职业院校建筑工程施工、建筑工程管理等专业人才培养培训用教材，也可作为相关企业施工人员的岗位培训教材及工程技术人员的参考用书。

\* \* \*

责任编辑：朱首明　张　晶　李　明
责任设计：张　虹
责任校对：陈晶晶　姜小莲

# 编 写 说 明

根据国务院《关于大力发展职业教育的决定》精神和职业教育的形势，结合河北城乡建设学校的传统和优势、学生的知识结构和特点、学生的兴趣和需求，开发适合职业教育特色的校本教材，使学生学习更贴近实际，以适应多渠道就业，提高学生的综合职业能力和职业素质。

此次编写的教材依据本校的人才培养目标，吸取行业专家意见，结合课程教学大纲和课程标准，并突出如下特点：

以"任务引领"为原则和思路，按照企业的实际工作任务、工作流程组织教学内容，以培养学生的实践能力和创新能力；

体现"理论够用，实践为重"的原则，根据专业理论需求，设置教材知识点；

注重教学内容的综合性、实用性和可操作性；注重教学内容的时效性及先进性，及时引入行业新知识、新技术、新规范，确保教学内容与行业需求接轨。

本校教材编审委员会对教材内容进行了多次审核，参编人员进行了多次修改和补充。在教材实施过程中，我们会及时收集反馈信息，使教材进一步完善。

# 前 言

本教材以"任务引领"为原则和思路，内容体现实用性，按照企业实际工作任务、工作流程组织教学内容，以强化职业能力。在学生掌握建筑施工组织的基本知识和一般规律的基础上，能够分析和解决施工现场组织施工过程中出现的简单问题，会编制一般单位工程的施工组织设计。

本教材的教学参考学时数为78学时，各单元内容及学时分配见下表：

### 内容及学时分配

| | 内　　容 | 学时数 | 备　　注 |
|---|---|---|---|
| 第1篇 | 准备知识的学习 | 4 | |
| 第2篇 | 单位工程施工组织设计的编制 | 58 | 将第3篇的内容穿插于本篇当中，结合专项能力训练考核，更有利于本篇知识的学习与技能的掌握 |
| 第3篇 | 单位工程施工组织设计实例 | 16 | |

本教材由河北城乡建设学校张玉威老师任主编。第2篇任务1、任务5中的过程5.1和过程5.3、任务6及第3篇的任务4、任务5由张玉威老师编写，第2篇的任务2、任务3、任务5的过程5.2、任务7及第3篇的任务1、任务2、任务6由李金秀老师编写，第1篇、第2篇的任务4、第2篇的任务3由邵惠芳老师编写，第2篇的任务8、第3篇的任务7由张红梅老师编写。本教材由河北城乡建设学校赵天雨老师任主审。在教材编写过程中，学校领导给予了极大的支持，我校陈志会老师、河北省四建安全监察部田占稳高级工程师、中建一局六公司林子彦高级工程师给予了我们很大的帮助，提出了很多宝贵建议，在此表示衷心的感谢。

由于编者水平有限，书中难免存在缺点，敬请各位老师及读者多提宝贵意见，以利于教材的改进与完善。

# 第1篇 准备知识的学习

1.1 建设项目和基本建设程序 ................................................ 3
1.2 施工组织设计的作用、分类与编制内容 .............................. 6
1.3 本课程的教学模式与任务 ................................................ 8

# 第2篇 单位工程施工组织设计的编制

**任务1** 编制单位工程施工组织设计的准备工作 .................... 11
　　过程1.1　熟悉图纸 ...................................................... 11
　　过程1.2　收集相关资料 ............................................... 12
　　过程1.3　考察施工现场 ............................................... 13

**任务2** 单位工程施工组织设计的编制依据 ........................... 14

**任务3** 编写工程概况 ...................................................... 16

**任务4** 制定施工部署与施工方案 ....................................... 19
　　过程4.1　制定施工部署 ............................................... 19
　　过程4.2　制定施工方案 ............................................... 20

**任务5** 制定施工进度计划 ................................................ 31
　　过程5.1　用横道图表达施工进度计划 ............................ 31
　　过程5.2　用网络图表达施工进度计划 ............................ 49
　　过程5.3　编制施工进度计划 ........................................ 70

**任务 6　编制施工准备与各项资源的配置计划** ················ 74
　　过程 6.1　编制施工准备工作计划 ················ 74
　　过程 6.2　资源配置计划 ················ 75

**任务 7　绘制施工现场平面布置图** ················ 77
　　过程 7.1　单位工程施工现场平面布置 ················ 77
　　过程 7.2　绘制施工现场平面布置图的步骤 ················ 78

**任务 8　制定主要管理措施** ················ 89
　　过程 8.1　制定工程进度管理措施 ················ 89
　　过程 8.2　制定质量管理措施 ················ 90
　　过程 8.3　制定安全措施 ················ 91
　　过程 8.4　制定环境管理和文明施工措施 ················ 91
　　过程 8.5　制定扬尘治理措施 ················ 92
　　过程 8.6　制定成品保护措施 ················ 93
　　过程 8.7　其他管理措施 ················ 93

# 第3篇　单位工程施工组织设计实例

**任务 9　编制依据** ················ 99

**任务 10　工程概况** ················ 102

**任务 11　施工部署与施工方案** ················ 105

**任务 12　施工进度计划** ················ 127

**任务 13　各种资源配置计划** ················ 128

**任务 14　主体施工阶段现场平面布置图** ················ 131

**任务 15　制定主要管理措施** ················ 134

**参考文献** ················ 146

# 第1篇
## 准备知识的学习

**【任务目标】**
1. 知道建设项目及其组成和基本建设程序
2. 知道单位工程施工组织设计的分类和具体编制内容
3. 了解本课程的教学模式与特点
4. 明确本课程的学习目的

## 1.1 建设项目和基本建设程序

### 1.1.1 建设项目

基本建设项目，简称建设项目。凡是按一个总体设计组织施工，建成后具有完整的系统，可以独立地形成生产能力或使用价值的建设工程，称为一个建设项目。对大型分期建设的工程，如果分为几个总体设计，则就有几个建设项目。

基本建设项目可以从不同的角度进行划分：按规模大小可分为大型、中型、小型建设项目；按建设项目的性质可分为新建、扩建、改建、恢复和迁建项目。一个建设项目，按照国家《建筑工程施工质量验收统一标准》GB 50300—2001 规定，又可分为单位工程、分部工程、分项工程和检验批。

#### 1.1.1.1 单位工程

凡具备独立施工条件并能形成独立使用功能的建筑物及构筑物为一个单位工程。从施工的角度看，单位工程就是一个独立的交付使用工程。

如：生产车间、办公楼、食堂、住宅、教学楼、图书馆等，都可以称为一个单位工程，其内容包括建筑工程、设备安装工程及设备、工具、仪器的购置。

对于建设规模较大的单位工程，还可将其能形成独立使用功能的部分划分为若干子单位工程。

#### 1.1.1.2 分部工程

分部工程是单位工程的组成部分，它是单位工程中，把性质相近且所用工具、工种、材料大体相同的部分称为一个分部工程。例如，一幢房屋的土建单位工程，按其结构或构造部位，可以划分为基础、主体、屋面、装修等分部工程。

当分部工程较大或较复杂时，可按材料种类、施工特点、施工程序、专业系统及类别等划分为若干子分部工程。

#### 1.1.1.3 分项工程

分项工程是分部工程的组成部分，一般是按主要工种、材料、施工工艺、设备类别进行划分。例如：钢筋工程、模板工程、混凝土工程、砌体工程、木门窗制作与安装工程等。

#### 1.1.1.4 检验批

分项工程可由一个或若干个检验批组成，检验批可根据施工及质量控制和专业验收需要按楼层、施工段、变形缝等进行划分。检验批是工程验收的最小单位，是分项工程乃至整个建筑工程质量验收的基础。

### 1.1.2 基本建设程序

基本建设程序分为投资决策、勘察设计、建设准备、实施及竣工验收五个阶段。

#### 1.1.2.1 投资决策阶段

这个阶段包括建设项目建议书、可行性研究等内容。

1. 项目建议书

项目建议书是建设单位向主管部门提出的要求建设某一项目的建议性文件，是对拟建项目的轮廓设想，是从拟建项目的必要性及可能性加以考虑的。

2. 可行性研究

项目建议书经批准后，即可进行可行性研究工作。可行性研究是项目决策的核心，为项目决策提供可靠的技术经济依据。

可行性研究包括以下主要内容：（1）建设项目提出的背景、必要性、经济意义和依据；（2）拟建项目规模、产品方案、市场预测；（3）技术工艺、主要设备建设标准；（4）资源、材料、燃料供应和运输及水、电条件；（5）建设地点、场地布置及项目设计方案；（6）环境保护、防洪、防震等要求与相应措施；（7）劳动定员及培训；（8）建设工期和进度建议；（9）投资估算和资金筹措方式；（10）经济效益和社会效益分析。

可行性研究的主要任务是对多种方案进行分析、比较，提出科学的评价意见，推荐最佳方案。在可行性研究的基础之上，编制可行性研究报告。

经批准的可行性研究报告是初步设计的依据，不得随意修改和变更。如果在建设规模、产品方案等主要内容上需要修改或突破投资控制额时，应经原批准单位复审同意。

#### 1.1.2.2 勘察设计阶段

设计文件是安排建设项目和进行建筑施工的主要依据。设计文件一般由建设单位通过招投标或直接委托有相应资质的设计单位进行设计。设计之前和设计之中都要进行大量的调查和勘测工作，在此基础上，根据批准的可行性研究报告，将建设项目的要求逐步具体化为指导施工的工程图纸及其说明书。

设计是分阶段进行的。一般项目进行两阶段设计，即初步设计和施工图设计。技术上比较复杂和缺少设计经验的项目采用三阶段设计，即在初步设计阶段后增加技术设计阶段。

1. 初步设计

初步设计是对批准的可行性研究报告所提出的内容进行概略的设计，做出初步的实施方案（大型、复杂的项目，还需绘制建筑透视图或制作建筑模型），进一步论证该建设项目在技术上的可行性和经济上的合理性，解决工程建设中重要的技术和经济问题，并通过对工程项目所作出的基本技术经济规定，编制项目总概算。

初步设计由建设单位组织审批。初步设计经批准后，不得随意改变建设规模、建设地址、主要工艺过程、主要设备和总投资等控制指标。

2. 技术设计

技术设计是在初步设计的基础上，根据更详细的调查研究资料，进一步确定建筑、结构、工艺、设备等的技术要求，以使建设项目的设计更具体，更完善，技术经济指标达到最优。

3. 施工图设计

施工图设计是在前一阶段的设计基础上进一步形象化、具体化、明确化，完成建筑、结构、水、电、气、工业管道以及场内道路等全部施工图纸、工程说明书、结构计算书以及施工图预算等。在工艺方面，应具体确定各种设备的型号、规格及各种非标准设备的制作、加工和安装图。

#### 1.1.2.3 建设准备阶段

建设项目在实施之前应做好各项准备工作，为工程施工创造有利条件，使建设项目能连续、均衡、有节奏地进行。其主要工作内容是：

1. 征地、拆迁和场地平整；
2. 工程地质勘察；
3. 完成施工用水、电、通信及道路等工程；
4. 收集设计基础资料，组织设计文件的编审；
5. 组织设备和材料订货；
6. 组织施工招投标，择优选定施工单位；
7. 办理开工报建手续。

施工准备工作基本完成，具备了工程开工条件之后，由建设单位向有关部门提出开工报告。有关部门对工程建设资金的来源、资金是否到位以及施工图出图情况等进行审查，符合要求后批准开工。

#### 1.1.2.4 建设实施阶段

该阶段是在建设程序中时间最长、工作量最大、资源消耗最多的阶段。这个阶段的工作中心是根据设计图纸，进行建筑安装施工，还包括做好生产或使用准备、试车运行、竣工验收、交付生产或使用等内容。

1. 建设实施

建设实施即建筑施工，是将计划和施工图变为实物的过程。要做到计划、设计、施工三个环节互相衔接，投资、工程内容、施工图纸、设备材料、施工力量五个方面的落实，以保证建设计划的全面完成。

施工之前要认真做好图纸会审工作，编制施工图预算和施工组织设计，明确投资、进度、质量的控制要求。施工中要严格按照施工图和图纸会审记录施工，如需变动应取得建设单位和设计单位的同意；要严格执行有关施工标准和规范，确保工程质量；按合同规定的内容全面完成施工任务。

2. 生产准备

生产准备是项目投产前由建设单位进行的一项重要工作。它是衔接建设和生产的桥梁,建设单位应及时组成专门班子或机构做好生产准备工作。

#### 1.1.2.5 竣工验收阶段

按批准的设计文件和合同规定的内容建成的工程项目要及时进行验收。建筑工程施工质量验收应符合以下要求:

1. 参加工程施工质量验收的各方人员应具备规定的资格;
2. 单位工程完工后,施工单位应自行组织有关人员进行检查评定,并向建设单位提交工程验收报告;
3. 建设单位收到工程验收报告后,应由建设单位(项目)负责人组织施工(含分包单位)、设计、监理等单位(项目)负责人进行单位(子单位)工程验收;
4. 单位工程质量验收合格后,建设单位应在规定时间内将工程竣工验收报告和有关文件,报建设行政管理部门备案。

## 1.2 施工组织设计的作用、分类与编制内容

### 1.2.1 施工组织设计的作用

施工组织设计是规划和指导拟建工程从施工准备到竣工验收全过程的一个综合性的技术经济文件,是沟通工程设计和施工之间的桥梁。

施工组织设计是施工准备工作的重要组成部分,又是做好施工准备工作的主要依据和重要保证。

施工组织设计是对施工过程实行科学管理的重要手段,是编制施工预算和施工计划的主要依据。

### 1.2.2 施工组织设计的分类

在实际工作中,单位工程施工组织设计根据用途分为两类:一类是用于施工单位投标(标前),另一类用于指导施工(标后)。前一类的目的是为了获得工程,后一类的重点则在施工方案。

标前、标后施工组织设计的不同点

| 种类 | 服务范围 | 编制时间 | 编制者 | 主要特征 | 追求主要目标 |
| --- | --- | --- | --- | --- | --- |
| 标前设计 | 投标与签约 | 投标前 | 经营管理层 | 规划性 | 中标和经济效益 |
| 标后设计 | 施工准备至验收 | 签约后开工前 | 项目管理者 | 操作性 | 施工效率和效益 |

标前施工组织设计要严格按招标文件和评标办法的格式要求,依次对应条款按序编写,主要是追求中标和达到签订承包合同的目的。

标后施工组织设计编制的目的是为了在工序、进度、资金、安全、现场管理等诸要素中,追求施工效率和经济效益。标后施工组织设计根据设计阶段和编制对象的不同可分为三类,即施工组织总设计、单位工程施工组织设计和分部分项

工程施工方案。

#### 1.2.2.1 施工组织总设计

施工组织总设计是以一个建设项目或建筑群为编制对象,对整个项目的施工过程进行统筹规划,重点控制。施工组织总设计由项目负责人主持编制,由总承包单位技术负责人审批。

#### 1.2.2.2 单位工程施工组织设计

单位工程施工组织设计是以单位工程为编制对象,对单位工程的施工过程起指导和制约作用。单位工程施工组织设计应由施工单位技术负责人或技术负责人授权的技术人员审批。

#### 1.2.2.3 分部分项工程施工方案

以分部(分项)工程或专项工程为主要对象编制的施工技术与组织方案,用以具体指导其施工过程。施工方案应由项目技术负责人审批;重点、难点分部(分项)工程和专项工程施工方案应由施工单位技术部门组织相关专家评审,施工单位技术负责人批准。

### 1.2.3 施工组织设计的编制内容

单位工程施工组织设计一般包括以下主要内容:

#### 1.2.3.1 工程概况

工程概况包括工程主要情况、各专业设计简介和工程施工条件等。

#### 1.2.3.2 施工部署与施工方案

包括确定工程施工的主要目标、现场组织机构,确定工程施工总的施工顺序、流水段划分及施工流向,主要分部分项工程的划分及其施工方法的选择,施工机械的选择,技术组织措施的拟定等。

#### 1.2.3.3 施工进度计划

施工进度计划主要包括划分施工过程,计算工程量、劳动量、机械台班量、施工班组人数、每天工作班次、工作持续时间,确定分部分项工程(施工过程)施工顺序及搭接关系,绘制进度计划表等。

#### 1.2.3.4 施工准备工作及各项资源配置计划

施工准备工作计划主要包括技术准备、现场准备和资金准备等,并编制准备工作计划表。

资源配置计划包括劳动力配置计划和各种物资配置计划等。

#### 1.2.3.5 施工现场平面布置

施工现场平面布置主要包括对施工所需机械、临时加工场地、材料、构件仓库与堆场的布置及临时水网和电网、临时道路、临时设施用房的布置等。

#### 1.2.3.6 组织管理措施

工程组织管理措施包括工程质量保证措施、安全生产保证措施、文明施工、环境保护保证措施、扬尘治理措施等。

## 1.3 本课程的教学模式与任务

### 1.3.1 本课程的教学模式

本课程具有很强的实践性,所以学习的过程要把理论融入实践,在做中学,在做中教。

1. 通过典型案例、实地参观、分析讨论等不同形式,学会准确运用相关知识解决工程施工过程中的基本问题。
2. 以学生为本,注重"教"与"学"的互动。
3. 教学中注重多媒体等现代化教学手段的运用,增强学生的感性认识,提高学生的学习热情。
4. 实行形式多样的实践性教学环节,如仿真教学、现场教学、综合实训等,加强学生实践能力的培养,提高学生的现场组织能力。

### 1.3.2 本课程的学习任务

通过本课程的学习,使学生知道建筑工程施工组织的基本知识和一般规律,懂得编制单位工程施工组织的基本方法,并能够分析和解决施工现场组织施工过程中出现的简单问题,会编制一般单位工程的施工组织设计。

**复习思考题**

1. 试述基本建设程序的主要内容。
2. 举例说明一个建设项目由哪些工程内容组成?
3. 试述单位工程施工组织设计的内容。

# 第 2 篇
# 单位工程施工组织设计的编制

# 任务 1
# 编制单位工程施工组织设计的准备工作

【任务目标】
1. 熟悉图纸内容
2. 会收集相关资料
3. 知道现场考察的具体事项

## 过程 1.1　熟悉图纸

要做好一个单位工程的施工组织设计，首先要熟悉图纸，明确工程内容，分析工程特点，为编制施工方案做好准备。在熟悉图纸时，首先要熟悉拟建工程的功能，然后将建筑施工图、结构施工图、设备施工图、文字说明等结合起来，前后对照读图，并且通过熟悉图纸确定与施工有关的准备工作项目。

### 1.1.1　地基基础工程

对地基基础工程主要熟悉的内容有：地基处理方法，基础的平面布置，基础的构造做法及材料，基础的形式、埋深，垫层做法，防潮层的位置及做法，沉降缝的位置及做法，桩位布置，桩承台位置等。

### 1.1.2　主体工程

对主体工程主要熟悉的内容有：主体结构的形式、柱距、各层所用混凝土强度等级，墙、柱与轴线的关系，梁板柱的配筋，楼梯间的构造，定位轴线间尺寸，门窗洞口位置及尺寸，伸缩缝、沉降缝、防震缝的位置等。

### 1.1.3　屋面工程

对屋面工程主要熟悉的内容有：屋面构造层次及防水做法，屋面排水坡度等。

### 1.1.4　装饰工程

对装饰工程主要熟悉的内容有：内、外墙面和顶棚、楼面、地面等装饰做法和所用材料，门窗形式及材料等。

### 1.1.5　其他

1. 熟悉图纸时要考虑土建和设备安装的配合关系；施工时如何交叉衔接。
2. 考虑设计与施工条件是否相符，如果需要采取特殊施工方法和特定技术措施时，技术上以及设备施工条件上有没有困难。

## 过程1.2　收集相关资料

建筑工程施工涉及内容广、情况多变、问题复杂，要编制出符合实际情况、切实可行、质量较高的施工组织设计，就必须搞好调研工作，熟悉工程项目所在地区的技术经济条件、社会情况等，这就需要调查或收集一些相关的资料。

### 1.2.1　调查原始资料

#### 1.2.1.1　技术经济资料调查

1. 建设地区能源调查

能源一般指水源、电源、气源、通信、网络资源等。对能源的调查主要是为选择施工用临时供水、供电、供气及通信方式提供依据。

2. 建设地区交通调查

交通运输方式一般有铁路、公路、水路、航空等，交通资料调查主要为组织施工运输业务、选择运输方式提供依据。

3. 材料、成品、半成品价格调查

这项调查的内容包括地方资源和建筑企业情况，对主要材料、半成品和成品调查是为确定材料供应、贮存、设备订货及租赁、构配件及制品等货源的加工方式、规划临时设施等提供依据。

#### 1.2.1.2　社会资料调查

社会资料主要包括建设地区的政治、经济、文化、科技、民俗等，其中对社会劳动力和生活设施的调查可作为安排劳动力、布置临时设施的依据。

### 1.2.2　收集参考资料

在编制施工组织设计时，为弥补原始资料的不足，还可以借助一些相关的参考资料作为编制依据。收集的参考资料可以是现有的施工定额、施工手册、类似工程的施工组织设计实例等。

## 过程1.3　考察施工现场

考察施工现场主要是了解建设地点的地形、地貌、水文、气象以及场址周围环境和障碍物等，主要是为确定工程的施工方法和技术措施提供依据。

### 1.3.1　地形、地貌考察

主要是对水准点及控制桩的位置、现场地形及地貌特征、勘察高程及高差等进行考察。地形简单的施工现场，一般采用目测和步测；对场地地形复杂的、可用测量仪器进行观测，也可向规划部门、建设单位、勘察单位进行调查。考察与调查的目的是为设计施工平面图提供依据。

### 1.3.2　工程地质及水文地质考察

工程地质包括地层构造、土层的类别及厚度、土的性质、承载力及地震类别等。水文地质包括地下水质量、含水层厚度、地下水流向、流量、流速、最高和最低水位等。这些内容的调查，主要采取观察的方法，还可向建设单位、设计单位、勘察单位等进行调查，作为选择基础施工方法、地基处理方法及地下障碍物拆除方法的依据。

### 1.3.3　气象资料调查

气象资料主要包括气温、雨情和风情等资料。考察内容主要是作为冬雨期施工及制定高空作业和吊装措施的依据。

### 1.3.4　周围环境及障碍物考察

此项考察的主要内容包括施工区域现有建筑物、构筑物、树木、沟渠、电力架空线路、地下管道、人防工程、埋地电缆、枯井等。这些资料通过现场踏勘，并向建设单位、设计单位等调查取得，作为施工现场平面布置的依据。

# 任务 2

# 单位工程施工组织设计的编制依据

【任务目标】
知道单位工程施工组织设计依据哪些内容进行编制。

## 2.1 与工程建设有关的法律、法规和文件

如《建筑法》、《合同法》、《中华人民共和国安全生产法》、《环境保护法》、《安全生产管理条例》、《质量管理条例》、《工程建设标准强制性条文》等。

## 2.2 国家现行有关标准和技术经济指标

主要有《建筑工程施工质量验收统一标准》等十几项建筑工程施工质量验收规范及《建筑安装工程技术操作规程》等。

## 2.3 工程所在地区行政主管部门的批准文件，建设单位对施工的要求

主要有上级机关对工程的有关指示和要求，建设单位对施工的要求等。

## 2.4 工程施工合同或招标投标文件

工程工期、质量、安全、扬尘治理及环境保护等各方面要求。

## 2.5 工程设计文件

包括单位工程的全套施工图纸、图纸会审纪要及有关标准图集。

## 2.6 工程施工范围内的现场条件，工程地质及水文地质、气象等自然条件

如高程、地形、地质、水文、气象、交通运输、现场障碍物等情况以及工程地质勘察报告、地形图、测量控制网。

## 2.7 与工程有关的资源供应情况

包括可能配备的劳动力情况、材料、预制构件来源及其供应情况，供水、供电的情况以及可借用作为临时办公、仓库的施工用房等。

## 2.8 施工企业的生产能力、机具设备状况及技术水平

施工机具配备，其生产能力、施工人员技术水平及管理人员的管理水平等。

## 2.9 类似工程的施工组织设计实例

# 任务 3
# 编写工程概况

【任务目标】

会进行工程概况的描述。

单位工程施工组织设计工程概况的描述内容主要是：对拟建工程的工程主要情况，各专业设计简介和工程施工条件等内容所作的一个简要的、突出重点的文字介绍。对建筑、结构不复杂，规模不大的工程，可采用工程概况表的形式，如表3-1所示，为了弥补文字叙述或表格介绍的不足，可绘制拟建工程的平、立、剖面简图，图中只要注明轴线尺寸、总长、总宽、总高及层高等主要建筑尺寸，细部构造尺寸可不注，以求简洁明了。

## 3.1 工程主要情况

工程主要情况包括下列内容（表3-1）：

1. 工程名称、性质和地理位置。
2. 工程的建设、勘察、设计、监理和总承包等相关单位的情况。
3. 工程承包范围和分包工程范围。
4. 施工合同、招标文件或总承包单位对工程施工的重点要求。
5. 其他应说明的情况。

## 3.2 各专业设计简介

### 3.2.1 建筑设计简介

建筑设计简介应依据建设单位提供的建筑设计文件进行描述，包括建筑规模、建筑功能、建筑特点、建筑耐火、防水及节能要求等，并应简单描述工程的主要装修做法。

工 程 概 况 表　　　　　　　表 3-1

工程项目名称_____　建设地点_____　工程性质_____

| 工程主要情况 | 建设单位 | | | 承包方式 | |
| --- | --- | --- | --- | --- | --- |
| | 勘察单位 | | 计划 | 开工日期 | |
| | 设计单位 | | | 竣工日期 | |
| | 监理单位 | | | 其他 | |
| | 施工单位 | | | | |

| 建筑设计 | 建筑面积 | | 层高 | | 装修做法 | 内粉 | | 楼面 | |
| --- | --- | --- | --- | --- | --- | --- | --- | --- | --- |
| | 层数 | | 平面布局 | | | 外粉 | | 地面 | |
| | 总长 | | 防水做法 | | | 门窗 | | 顶棚 | |
| | 总宽 | | 节能 | | 建筑功能 | | 建筑特点 | | |
| | 总高 | | 建筑耐火 | | 使用年限 | | 其他 | | |

| 结构设计 | 结构形式 | | 柱 | | 吊车梁 | |
| --- | --- | --- | --- | --- | --- | --- |
| | 地基基础形式 | | 梁 | | 结构安全等级 | |
| | | | 板 | | 抗震设防 | |
| | 墙体 | | 屋架 | | 其他 | |

| 机电及设备安装 | 给水系统 | | 电气系统 | |
| --- | --- | --- | --- | --- |
| | 排水系统 | | 智能化系统 | |
| | 采暖系统 | | 电梯 | |
| | 通风与空调系统 | | | |

| 工程施工条件 | 五通一平情况 | | 地下水位 | | 最高 | |
| --- | --- | --- | --- | --- | --- | --- |
| | 材料设备供应 | | | | 最低 | |
| | | | | | 常年 | |
| | 交通情况 | | 地下水水质 | | | |
| | 雨期情况 | | 冬期情况 | | | |
| | 地形 | | 周围情况 | | | |
| | 临时设施解决方法 | | 其他 | | | |

**3.2.2 结构设计简介**

结构设计简介应依据建设单位提供的结构设计文件进行描述，包括结构形式、地基基础形式、结构安全等级、抗震设防类别、主要结构构件类型及要求等。

**3.2.3 机电及设备安装专业设计简介**

机电及设备安装专业设计简介应依据建设单位提供的各相关专业设计文件进行描述，包括给水、排水及采暖系统、通风与空调系统、电气系统、智能化系统、电梯等各个专业系统的做法要求。

## 3.3 工程施工条件

工程施工条件应包括下列内容：
1. 工程施工地点气象状况。
2. 施工区域地形和工程水文地质状况。
3. 工程施工区域地上、地下管线及相邻的地上、地下建（构）筑物情况。
4. 与工程施工有关的道路、河流等状况。
5. 当地建筑材料、设备供应和交通运输等服务能力状况。
6. 当地供电、供水、供热和通信能力状况。
7. 其他与施工有关的主要因素。

# 任务 4
# 制定施工部署与施工方案

【任务目标】
1. 会制定工程的施工部署
2. 知道施工程序及施工流向如何确定
3. 会合理确定施工顺序
4. 会合理确定施工方法、选择施工机械
5. 能结合具体工程制定质量保证措施和冬雨期施工措施

施工部署与施工方案是决定整个工程全局的关键。施工方案选择的恰当与否，将直接影响到单位工程的施工效率、进度安排、施工质量、施工安全、工期长短。因此，我们必须在若干个初步方案的基础上进行认真分析比较，力求选择出一个最经济、最合理的施工方案。

## 过程 4.1　制定施工部署

### 4.1.1　制定施工管理目标

根据施工合同的约定和政府行政主管部门的要求，制定实施的工期、质量、安全目标和文明施工、消防、环保等方面的管理目标。

### 4.1.2　确定施工部署原则

施工部署是对整个拟建工程涉及的任务、资源、时间、空间的总体安排。包括总施工顺序上的部署原则,时间上的部署原则(如季节施工的考虑),空间上的部署原则(如立体交叉施工),资源上的部署原则(如劳动力和机械设备的投入)等。

### 4.1.3 设置工程管理的组织机构形式

设置工程管理的组织机构形式,确定项目经理部的工作岗位设置及其职责划分。

## 过程 4.2  制定施工方案

### 4.2.1 确定单位工程的施工程序

单位工程的施工程序,是指单位工程中各分部工程和施工阶段的先后次序及其制约关系。

#### 4.2.1.1 准备工作

单位工程的施工准备工作有内业和外业两部分:

1. 内业准备工作:熟悉施工图纸、图纸会审、编制施工预算、编制施工组织设计、技术交底,落实设备与劳动力计划,落实协作单位,对职工进行施工安全与防火教育等。

2. 现场准备:完成拆迁、清理障碍、管线迁移(包括场内原有高压线搬迁)、平整场地、设置施工用的临时建筑、完成附属加工设施、铺设临时水电管网、完成临时道路、机械设备进场,必要的材料进场等。

#### 4.2.1.2 精心组织施工

施工过程中,按如下原则来进行:

1. 先地下后地上

先地下后地上,主要是指先完成管道、管线等地下设施,土方工程和基础工程,然后开始地上工程施工。

2. 先主体后围护

先主体后围护,主要是指框架结构建筑和装配式单层工业厂房施工中,先完成主体结构,再进行围护结构施工,但在总的程序上要有合理的搭接。一般情况下,高层建筑应尽量搭接施工,以缩短工期。

3. 先结构后装饰

先结构后装饰,是指先进行主体结构施工,后进行装饰工程的施工,这是指一般情况。为缩短工期,也可以部分搭接施工。如在工期要求很紧的情况下,多层建筑的室内装修,可在主体结构施工到三层以上时开始,与主体同时进行。

4. 先土建后设备

先土建后设备，是指一般情况下，土建施工应先于建筑设备安装。但它们之间更多的是穿插配合关系，一般在土建施工的同时要配合进行有关建筑设备的安装预埋工作。

**4.2.1.3 安排好土建施工与设备安装施工的程序**

工业建设项目除了土建施工还有工业管道和工艺设备等安装。为了早日竣工投产，在施工程序上应重视合理安排土建施工与设备安装之间的施工程序。

1. 封闭式施工，即土建主体结构完成之后，再进行设备安装的施工程序。对精密仪器厂房等，还应在土建装修完成后再进行设备安装。

2. 敞开式施工，是指先安装工艺设备，然后建造厂房的施工程序。适用于某些重型工业厂房（如冶金车间、发电厂房等）的施工，其优缺点与封闭式相反。

3. 设备安装与土建施工同时进行，这是指当土建施工为设备安装创造了必要条件，同时能防止设备被砂浆、垃圾等污染的情况下，所采用的施工程序。例如，在建造水泥厂时，经济上最适宜的施工程序便是两者同时进行。

**4.2.1.4 安排好竣工扫尾**

主要包括设备调试、生产或使用准备、交工验收等工作。做到竣工与交付使用一次到位。

### 4.2.2 确定单位工程的施工起点和流向

单位工程的施工起点和流向，是指单位工程在平面和竖向上施工开始的部位及开展的方向。单层建筑应分区分段地确定平面上的施工流向；多层建筑除要确定平面上的施工流向外，还要确定竖向上的流向。确定施工过程、施工段的划分以及如何组织流水施工也是决定其施工流向应考虑的因素。

**4.2.2.1 确定单位工程施工起点和流向时一般应考虑的因素**

1. 考虑所选择的施工机械。如基础施工中，由于不同机械的开行路线不同，所以所选用的机械就决定了挖土的施工起点和流向。

2. 考虑施工组织的要求。施工段的划分部位，也是影响其施工流向的主要因素。在组织流水施工时，通常将施工对象在平面上划分成若干个劳动量大致相等的施工区段，这些施工区段称为施工段或流水段。

3. 当有高低层或高低跨并列时，应先从并列处开始施工。当基础埋深不同时，一般按先深后浅的顺序进行施工。

**4.2.2.2 单位工程中各分部工程施工起点和流向的一般情况**

单位工程中的各个分部工程，结合其施工特点和具体的工程条件来确定其施工流向。就多层建筑来讲，其各分部工程的施工起点和流向按基础工程、主体工程、屋面工程及装修工程分别考虑。

1. 基础工程

基础工程一般由施工机械和施工方法决定其平面的施工流向。

2. 主体工程

主体工程在平面上一般从哪边开始都可以，在竖向上从底层开始，逐层向上进行施工。

3. 屋面工程

高低跨并列屋面工程一般采用先高后低的施工流向。

4. 装饰工程

装饰工程包括室外装饰和室内装饰。室外和室内的施工顺序可以是先外后内、先内后外或内外同时施工。

室外装饰工程一般采用自上而下的施工流向。

室内装饰工程可采用自上而下、自下而上或自中而下再自上而中的施工流向。

(1) 装饰工程自上而下的施工流向，是指主体结构封顶，做完屋面防水层后，装修从顶层开始，逐层向下的施工流向。有水平向下和垂直向下两种形式，如图4-1所示。

这种施工流向的特点是，主体结构完成后，建筑物有一定的沉降时间，这样能保证装修的质量，减少和避免各工种操作的交叉，有利于安全施工和现场管理。

(2) 装饰工程自下而上的施工流向，是指当主体施工到三层以上时，装修从底层开始，逐层向上的施工流向。有水平向上和垂直向上两种形式，如图4-2所示。

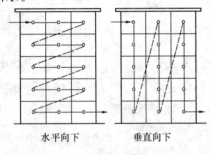
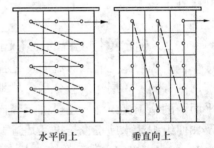

图 4-1　自上而下的施工流向　　　　图 4-2　自下而上的施工流向

这种流向的特点是装饰工程与主体施工平行搭接，缩短了工期；但由于工种操作相互交叉，同时需要的资源量较大，使得施工现场的组织与管理复杂。

(3) 装饰工程自中而下，再自上而中的施工流向

这种施工流向综合了前述两种施工流向的优点，一般适用于高层建筑的室内装饰工程施工。

5. 安装工程

一般设备安装工程要结合土建工程的施工穿插进行。

各种施工流水方案都有不同的特点，要根据工程的具体情况、工期的要求等来确定。

### 4.2.3　确定施工顺序

施工顺序是指分部分项工程或施工过程之间施工的先后次序。

#### 4.2.3.1　确定施工顺序的基本要求

1. 符合施工工艺的要求

建筑工程施工过程中,各施工过程之间存在着一定的工艺顺序关系,这是由客观规律决定的。如建筑工程施工,要先完成基础才能进行主体;现浇钢筋混凝土楼板,要先完成支模板绑钢筋才能浇筑混凝土等。

2. 考虑施工方法和施工机械

施工方案所确定的施工方法和选择的施工机械对施工顺序有很大的影响。如在单层工业厂房结构安装工程中,如果采用自行式起重机,一般采用分件吊装法,施工顺序为:吊装柱→吊装梁→吊装各节间的屋架及屋面板等,起重机在厂房内三次开行才能吊装完厂房结构构件;而选择桅杆式起重机,则必须采用综合吊装法,其施工顺序为一个节间的全部构件吊装完成后,再依次吊装下一个节间的构件,直至构件全部吊装完成。

3. 考虑施工质量的要求

在安排施工顺序时,应以确保工程质量为前提。如室内抹灰,为保证墙面抹灰质量,应先进行顶棚抹灰,再进行墙面抹灰。

4. 考虑施工安全的要求

如室内装饰工程施工若采用自下而上的施工顺序,则要求主体结构施工到三层以上(隔两层楼板)时才能开始,以保证底层施工操作的安全。

5. 考虑气候条件的影响

工程施工顺序要适应工程建设地点气候变化规律的要求,如在冬雨季到来之前,应先做好室外各项施工过程,为室内施工创造条件。

#### 4.2.3.2 常见建筑的施工顺序

1. 多层混合结构房屋施工顺序

多层混合结构房屋施工,按照结构部位及施工特点,通常分为基础工程、主体工程、屋面工程、装饰工程、房屋设备安装等几个阶段(图4-3)。

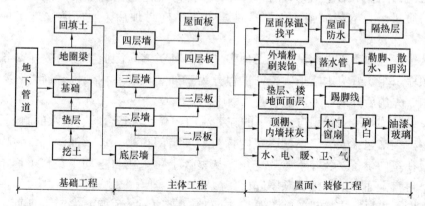

图4-3 砖混结构住宅建筑施工顺序示意图

(1)基础工程施工顺序

基础工程的施工顺序一般为:挖土→做垫层→做基础→地圈梁→回填土。当有地下室时,其施工顺序一般为:挖土→做垫层→地下室底板→地下室墙身→防水层→地下室顶板→回填土。

在挖槽和钎探过程中发现地下有障碍物或软弱地基时,应进行局部加固处理。因基础工程受自然条件影响较大,各施工过程安排尽量紧凑。基坑(槽)暴露时间不宜太长,以防暴晒和积水,影响其承载力。垫层施工完成后,要留有一定的技术间歇时间,使其具有一定强度之后,再进行下一道工序施工。回填土应在基础完成后一次分层压实,这样既可保证基础不受雨水浸泡,又可为后续工作提供场地条件。

各种管沟的施工,应尽可能与基础工程配合进行,平行搭接,合理安排施工顺序,避免土方重复开挖。

(2) 主体工程施工顺序

主体工程主要施工过程有:搭设脚手架、砌筑墙体、安装过梁、浇筑钢筋混凝土圈梁、构造柱、楼梯、雨篷、浇筑钢筋混凝土楼板、屋面板等。其主导施工过程为砌筑墙体和现浇楼板。

在主体施工阶段,砌墙和现浇楼板为主导施工过程,应使它们在施工中保持连续、均衡、有节奏地进行,其他施工过程则应配合砌墙和现浇楼板搭接进行。如脚手架应随主体的进行逐层逐段的搭设;其他现浇钢筋混凝土构件的支模板、绑钢筋、浇筑混凝土可安排在现浇楼板的同时或砌筑墙体的最后一步插入。对于现浇楼板的砖混结构房屋,其施工顺序一般为:立构造柱钢筋→砌筑墙体→支构造柱模板→浇构造柱混凝土→支梁、板、楼梯模板→绑扎梁、板、楼梯钢筋→浇梁、板、楼梯混凝土。

(3) 屋面与装饰工程的施工顺序

刚性防水屋面的施工顺序一般为:结构层→隔离层→防水层。柔性卷材防水屋面的施工顺序一般为:结构层→找坡层→保温层→找平层→结合层→防水层→保护层。其中找平层施工完成后,要充分干燥才能进行防水层的施工,以保证防水层的质量。为给装饰施工创造条件,主体结构封顶后,屋面防水施工应尽早开始。

装饰工程的手工作业量大、工种多、材料种类多,因此要妥善安排装饰工程施工顺序,组织好流水施工。装饰工程分为室外装饰和室内装饰,通常可采用先外后内、先内后外或内外同时的施工顺序。

室外装饰,一般采用自上而下的施工流向,最后进行台阶、散水的施工。

室内装饰包括安装门窗框、室内抹灰、安装门窗扇、玻璃油漆等。室内抹灰工程应在室内设备安装并检验后进行。从整体上可采用自上而下、自下而上、自中而下再自上而中三种施工顺序进行。

在同一楼层室内抹灰的施工顺序有两种,一种为:顶棚→墙面→地面。这种抹灰顺序的优点是工期较短,但由于在顶棚、墙面抹灰时有落地灰,在地面抹灰之前,应将落地灰清理干净,否则会影响地面的抹灰质量,同时,在进行楼地面抹灰时的施工渗漏水可能会影响墙面的抹灰质量,所以在施工时要注意采取一定的措施。另一种顺序为:地面→顶棚→墙面。按照这种顺序施工,室内清洁方便,地面抹灰质量容易保证。但地面抹灰完成后需要有一定的养护时间,才能进行顶棚和墙面的抹灰。

楼梯和走道是施工的主要通道，在施工期间容易损坏，应在抹灰工程结束时，由上而下施工，并采取相应措施保护。底层地面一般在各层墙面、楼地面做好后进行。门窗框的安装应在抹灰前进行，而门窗扇的安装可据施工条件和气候情况在抹灰前或抹灰后进行。门窗油漆后再安装玻璃。

(4) 房屋设备安装工程

房屋设备安装工程的施工一般与土建施工交叉进行。基础阶段埋设好相应的管沟后，再进行回填；主体阶段，在砌筑墙体和现浇楼板时，预留电线、水管等的孔洞和其他预埋件；装修阶段，应安装各种管道和附墙暗管、接线盒等。水暖煤电卫等设备安装最好在楼地面和墙面抹灰之前或之后穿插施工。

2. 多层现浇钢筋混凝土框架结构施工顺序

多层现浇钢筋混凝土框架结构房屋施工，按照结构部位及施工特点，通常分为基础工程、主体工程、屋面工程、围护工程、装饰工程及设备安装几个阶段（图 4-4）。

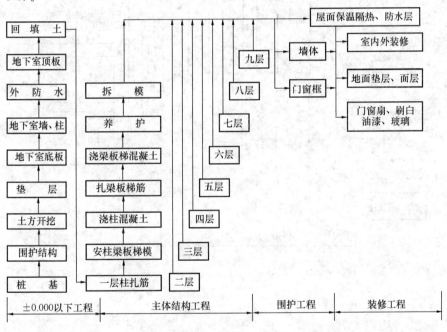

图 4-4 某多层全现浇框架结构施工顺序示意图

(1) 基础工程施工顺序

若无地下室，其施工顺序一般为：挖土→做垫层→钢筋混凝土基础→回填土；若有地下室，则其施工顺序为：桩基础施工→土方开挖→做垫层→做地下室底板→做地下室墙柱（防水处理）→地下室顶板→回填土。

(2) 主体工程施工顺序

主体阶段的施工主要包括梁、板、柱的施工。其施工顺序一般为：绑扎柱钢筋→柱模板→浇柱混凝土→支梁板模板→绑扎梁、板钢筋→浇梁、板混凝土→养护→拆模。

(3) 围护工程施工顺序

围护工程包括砌筑外墙、内墙、安装门窗等施工过程。这些施工过程，可以按要求组织平行、搭接及流水施工。

(4) 屋面及装饰工程的施工顺序同多层混合结构施工顺序。

3. 单层工业厂房施工顺序

装配式单层工业厂房应用较广，其施工特点是：基础施工复杂，构件预制吊装工作量大，施工时不仅要考虑土建与设备的安装配合，还要考虑生产工艺流程。单层工业厂房按照结构部位不同的施工特点，一般分为基础工程、预制工程、结构吊装工程、屋面工程、围护工程、装饰工程及设备安装工程等几个阶段（图4-5）。

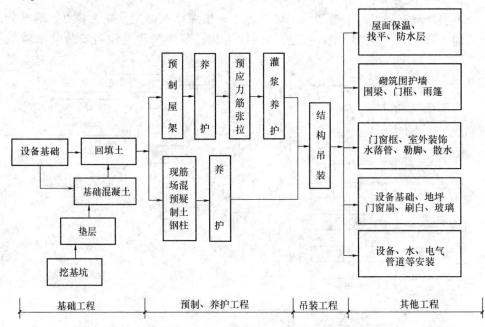

图 4-5 单层工业厂房施工顺序示意图

(1) 基础工程施工顺序

基础工程施工顺序一般为：基坑挖土→做垫层→绑扎基础钢筋→安装模板→浇筑基础混凝土→养护拆模→回填土。

当厂房建在土质较差的场地上时，通常采用桩基础。为了缩短工期，常将打桩阶段安排在施工准备阶段进行。

基础工程包括厂房柱基础和设备基础的施工。在安排施工顺序时，首先要确定厂房柱基础与设备基础的施工顺序，因为它会影响到主体结构和设备安装的方法及开始时间，可采用封闭式施工、敞开式施工或同时施工的方式。

(2) 预制工程的施工顺序

单层工业厂房构件的预制，通常采用工厂预制和工地预制相结合的方法。对于重大、较大和运输不便的构件,可在现场预制,如柱子、屋架等;对于中小型构件可在工厂预制。

非预应力钢筋混凝土构件预制的施工顺序为:支模板→绑扎钢筋→浇筑混凝土→养护→拆模;预应力钢筋混凝土构件预制的施工顺序有两种,即先张法和后张法,一般采用后张法施工。后张法的施工顺序为:支模板→绑扎钢筋→预埋铁件→预留孔道→浇筑混凝土→养护→拆模→预应力筋张拉、锚固→孔道灌浆等。

(3) 构件吊装阶段的施工顺序

结构吊装工程是装配式单层工业厂房施工中的主导施工过程。其吊装流向通常与预制构件制作流向一致。这一阶段主要施工过程有:安装柱子、柱间支撑、基础梁、连系梁、吊车梁、屋架、天窗架和屋面板等。

构件吊装顺序取决于吊装方法,单层工业厂房结构吊装方法有分件吊装法和综合吊装法。若采用分件吊装法,其吊装顺序一般为:第一次开行吊装全部柱子,并校正、固定;待接头混凝土强度达到设计标准值 75% 以后,第二次开行吊装吊车梁、托架梁、连系梁与柱间支撑;第三次开行吊装全部屋盖系统构件。若采用综合吊装法,其吊装顺序一般是先吊 4~6 根柱并迅速校正和固定,再吊装梁及屋盖的全部构件,如此依次逐个节间吊装,直到整个厂房吊装完毕。

(4) 屋面、围护及装饰工程施工顺序

这一阶段总的施工顺序为:围护结构→屋面工程→装修工程。但有时也平行搭接施工。

围护工程主要工作内容为:墙体砌筑、安装门窗框等施工过程。其施工顺序一般为:搭设垂直运输设施→砌筑围护墙→现浇门框、雨篷、圈梁等。

屋面工程在屋盖构件吊装完毕,垂直运输设备搭设好后即可施工。它包括屋面板灌缝,保温层、找平层、结合层、防水层及保护层施工。在铺卷材之前,应将天窗扇及玻璃安装好,特别要注意天窗架部分的屋面防水、天窗围护工作等,确保屋面防水的质量。

一般单层工业厂房装饰标准较低,可与设备安装等工序穿插进行。

(5) 设备安装阶段施工顺序

水暖煤电卫的安装与砖混结构相同。生产设备的安装,一般由专业公司承担。

### 4.2.4 确定施工方法、选择施工机械

一个工程的每个施工过程,其施工方法可采用多种形式。我们应根据施工对象的建筑特征、结构形式、场地条件及工期要求等,对多种施工方法进行比较,选择一个先进合理的、适合本工程的施工方法,并选择相应的施工机械。

#### 4.2.4.1 确定施工方法

1. 确定施工方法应遵循的原则

(1) 选择施工方法,首先应着重考虑影响整个单位工程的分部分项工程。如工程量较大、施工技术复杂或采用新技术、新工艺及对工程质量起关键作用的分

部分项工程。对常规做法和工人熟悉的项目，只要提出具体要求，不必详细拟定。

(2) 施工方法在技术上的先进性和经济上的合理性相统一。选择施工方法时，除要求技术上先进合理外，还要考虑对施工单位的可行性和经济性。

(3) 要考虑施工技术上的要求。如吊装机械型号、数量的选择应满足构件吊装的技术和进度要求。

2. 主要分部分项工程施工方法要点

(1) 土石方工程

1) 计算土石方工程的工程量，确定土石方开挖或爆破方法，选择土石方施工机械；

2) 确定土壁放坡的边坡系数或土壁支护形式及打桩方法；

3) 选择地面排水、降低地下水位方法，确定排水沟、集水井或布置井点降水所需设备；

4) 确定土方调配方案。

(2) 基础工程

1) 浅基础施工的技术要点及所需的机械型号和数量；

2) 桩基础的施工工艺及施工机械的选择；

3) 地下室工程施工的技术要求等。

(3) 砌筑工程

1) 脚手架的搭设方式及要求；

2) 垂直及水平运输设备的选择；

3) 砖墙的组砌方法和质量要求；

4) 弹线及皮数杆的控制要求等。

(4) 钢筋混凝土工程

1) 确定混凝土工程的施工方案；

2) 确立模板类型和支模方法，对于复杂工程还需进行模板设计和进行模板放样；

3) 确定钢筋的加工、绑扎、焊接方法及所需的机具型号和数量；

4) 选择混凝土制备方案，确定搅拌、运输、浇筑方法，选择混凝土垂直运输机械；

5) 确定施工缝留设位置及处理要求；

6) 确定预应力混凝土结构的施工方法，选择所需的机具型号和数量等。

(5) 结构吊装工程

1) 确定构件的吊装方法及所需机械的型号和数量；

2) 确定吊装机械的开行路线，构件制作平面布置，拼装场地；

3) 确定构件运输、装卸、堆放要求和所需机具设备型号、数量等。

(6) 屋面工程

1) 确定屋面工程的施工方法；

2) 确定屋面工程各个层次的操作要求；
3) 确定屋面工程所用材料和运输方式等。

(7) 装饰工程
1) 确定装饰工程的施工方法及操作要求；
2) 确定材料运输方式及贮存要求；
3) 确定工艺流程和施工组织，尽可能组织装修与结构施工穿插进行，以缩短工期。

(8) 其他项目
对于特殊项目如采用新材料、新工艺、新技术、新结构的项目，以及大跨度、高耸结构、水下结构、软弱地基等项目，应单独选择施工方法，阐明施工技术要点，进行技术交底，拟定安全质量措施。

#### 4.2.4.2 选择施工机械

选择施工方法，必然要考虑所选用的施工机械。施工机械的选择是施工方法选择的中心环节。选择施工机械考虑的主要因素有：

(1) 根据工程特点，首先选择适宜主导工程的施工机械。如地下工程的土方机械，主体结构工程的垂直、水平运输机械，结构吊装工程的起重机械等。

(2) 辅助机械或运输工具要与主导机械的生产能力相协调，以充分发挥主导机械的效率。如土方工程在采用汽车运土时，汽车的载重量应为挖土机斗容量的整数倍，汽车的数量应保证挖土机连续工作。

(3) 兼顾施工机械的适用性和多样性，充分发挥施工机械的利用率。同一工地上，应力求建筑机械的种类和型号尽可能少一些，以利于机械管理和降低成本；尽量做到一机多能，提高机械使用效率。

(4) 机械选用应考虑充分发挥施工单位现有机械的能力，不能满足工程需要时，则应购置或租赁所需新型机械或多用机械。

### 4.2.5 制定技术组织措施

#### 4.2.5.1 制定工程质量保证措施

保证质量的关键是对该类工程经常发生的质量通病制定防治措施，并建立质量保障体系。保证质量措施一般应考虑以下内容：有关建筑材料的质量标准、检验制度、保管方法和使用要求；主要工种工程的技术要求、质量标准和检验评定方法；对可能出现的技术问题或质量通病的改进办法和防范措施；新工艺、新材料、新技术和新结构及特殊、复杂、关键部位的专门质量措施等。

#### 4.2.5.2 制定季节性施工措施

当工程施工跨越冬期和雨期时，就要制定冬、雨期施工措施。其目的是保证工程的施工质量、安全、工期和节约成本。

雨期施工措施要根据当地的雨量、雨期及雨期施工的工程部位和特点进行制定。要在防淋、防潮、防泡、防淹、防质量安全事故、防拖延工期等方面，分别采取"遮盖"、"疏导"、"堵挡"、"排水"、"防雷"、"合理贮存"、"改变施工工序"、"避雨施工"、"加固防陷"等措施。

　　冬期施工措施要根据工程所处地区的气温、降雪量、工程部位、施工内容及施工单位的条件，按有关规范及《冬期施工手册》等有关资料，制订保温、防冻、改善操作环境、保证质量、控制工期、安全施工、减少浪费等有效措施。

# 任务 5
# 制定施工进度计划

【任务目标】
1. 知道流水施工的组织要点
2. 会确定流水施工的主要参数
3. 能够组织简单工程的流水施工
4. 会进行网络图的绘制及有关参数计算
5. 会用横道图和网络图表达进度计划

施工进度计划是为实现设定的工期目标，对各项施工过程的施工顺序、起止时间和衔接关系所作的统筹策划和安排。单位工程施工进度计划应按照施工部署的安排进行编制。

施工进度计划一般有两种表达方式，即横道图和网络图，并附必要说明；对于工程规模较大或较复杂的工程，宜采用网络图表示。

## 过程 5.1　用横道图表达施工进度计划

横道图以表格形式反映施工进度，如附表 1 所示。表格由左右两部分组成，左边部分反映拟建工程所划分的施工项目、工程量、劳动量或机械台班量、施工人数及工作延续时间等内容，右边是时间图表部分。

在实际工程中，用横道图表达进度计划，就需要计算出施工工期和一些时间数据,而这些数据是通过对工程施工的组织获得的。流水施工是组织工程施工的一种常用的科学的方法。

### 5.1.1 流水施工的基本原理

#### 5.1.1.1 组织施工的三种方式

根据建筑产品的特点,建筑施工可采用多种形式。通常采用的组织方式有顺序施工、平行施工、流水施工三种。现将三种组织方式的施工特点和经济效果作如下对比分析。

**【例 5-1】** 现浇三组同类型钢筋混凝土构件,每组构件由三个施工过程组成,即支模板、绑扎钢筋、浇筑混凝土。如果完成每组构件的每个施工过程均需要一天,完成上述施工任务,按三种方式组织施工,对比分析如下:

1. 顺序施工

顺序施工也叫依次施工,即一个施工段(施工构件)的各施工过程全部完成后,再进行下一个施工段的施工,这样顺序地完成每个施工段;或按一定的施工顺序,完成各段的前一个施工过程后,再开始后一个施工过程。这种组织方式的施工进度计划安排如图5-1、图5-2所示。

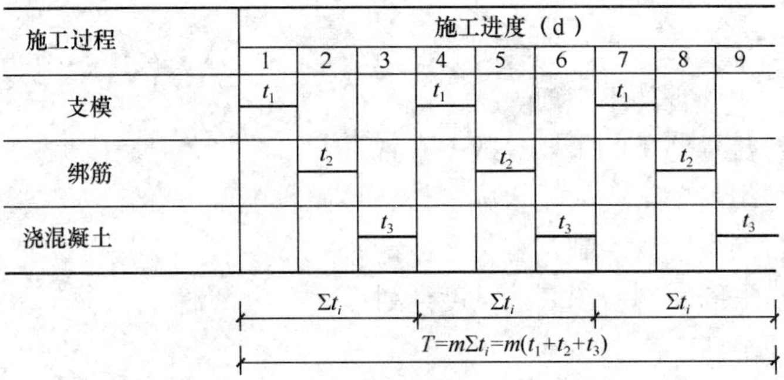

图 5-1 按施工段(构件)顺序施工

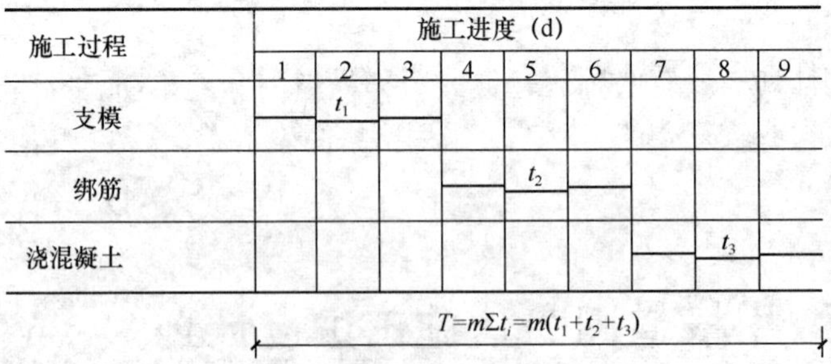

图 5-2 按施工过程顺序施工

图中用 $t_i$ ($i=1、2、3\cdots n$) 表示每个施工过程在一个构件上完成施工所需要的时间,则完成一个构件所需时间为 $\Sigma t_i$,完成 $m$ 个构件所需总时间为 $T = m\Sigma t_i$。

其中,$T$——流水施工工期。

由以上两图可以看出这种组织方式具有这样的特点:工期长;按施工段顺序

施工的组织方式表明，各专业班组不能连续施工，产生窝工现象，同时工作面轮流闲置，不能连续使用；按施工过程顺序施工的组织方式，各班组虽能连续施工，但工作面使用不充分；单位时间内投入的资源（人力、物力、财力）较少，所以施工现场的组织管理工作较为简单。

这种组织方式，适用于工作面小、规模小、工期要求不是很紧的工程。

2. 平行施工

平行施工是各施工过程同时开工，同时完工的一种组织方式，其施工进度计划如图 5-3 所示。

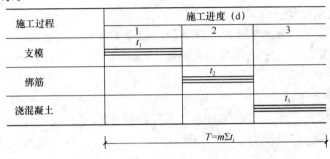

图 5-3 平行施工

由图 5-3 可以看出这种组织方式具有这样的特点：工期短，生产全部构件所需时间与生产一个构件所需时间相同；工作面能充分利用，空间使用连续；单位时间内施工班组、机具、设备需要量成倍增加，所以施工现场管理复杂。

这种组织方式适用于工期要求较紧的工程及大规模建筑群的施工。

3. 流水施工

流水施工是将工程对象划分为若干施工过程，不同施工过程的施工班组按一定的顺序和时间间隔依次投入施工，连续、均衡、有节奏地从一个施工段转移到另一个施工段，不同施工过程之间尽可能平行搭接施工的组织方式。其施工进度计划如图 5-4 所示。

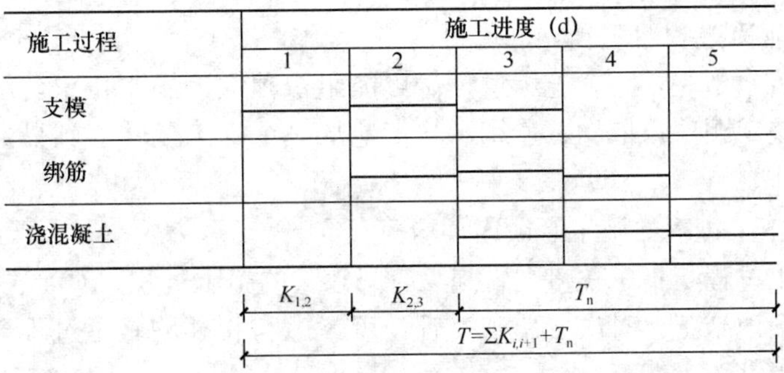

图 5-4 流水施工

注：$K_{1,2}$——支模板和绑扎钢筋两个施工过程之间开始施工的间隔时间；

$K_{2,3}$——绑扎钢筋和浇筑混凝土两个施工过程之间开始施工的间隔时间；

$T_n$——最后一个施工过程总的施工时间。

从图 5-4 可以看出，这种组织方式具有这样的特点：流水施工的组织方式，吸收了依次施工和平行施工的优点，工期比较合理；各专业班组均能连续作业，无窝工现象；各施工段上，始终有不同专业的班组连续作业，工作面使用充分；单位时间内对人力、物力、材料等资源需要量比较均衡，便于施工现场的管理。

#### 5.1.1.2 流水施工的经济效果

采用流水施工的组织方式，统筹考虑工艺上的划分、时间上的安排和空间上的布置，使劳动力得以合理利用，使施工连续而均衡地进行，同时也带来了较好的经济效益，具体表现在以下几个方面：

1. 科学地安排施工进度，缩短工期

采用流水施工，各施工过程连续均衡，消除了各专业班组施工后的等待时间，并充分利用空间，在一定条件下相邻两施工过程还可以互相搭接，因而可以有效地缩短工期。

2. 提高劳动生产率

工作班组实行了生产专业化，为工人提高技术水平、改进操作方法创造了有利条件，因而促进了劳动生产率的提高。

3. 资源供应均衡

由于施工过程的连续均衡，使得在资源的使用上也是连续均衡的，这种均衡性有利于资源的采购、组织、存贮、供应等工作，充分发挥管理水平，降低工程成本，提高经济效益。

#### 5.1.1.3 流水施工的组织要点

1. 划分施工过程

首先根据工程特点和施工要求，将拟建工程划分为若干分部工程；再按工艺要求、工程量大小及施工班组情况，将各分部工程划分为若干个施工过程。

2. 划分施工段

根据组织流水施工的需要，将拟建工程尽可能划分为劳动量大致相等的若干施工区段，即施工段。

3. 每个施工过程组织独立的班组

在一个流水组中，每个施工过程尽可能组织独立的施工班组，使每个施工过程按一定的施工顺序，依次、连续、均衡地从一个施工段转移到另一个施工段进行相同的操作。

4. 主导施工过程的施工必须连续均衡

主导施工过程是指工程量大、施工时间较长的施工过程。对于主导施工过程，必须连续均衡地施工；对次要施工过程，可考虑与相邻的施工过程合并，或进行间断施工，以缩短工期。

5. 不同施工过程之间尽可能组织平行搭接施工

确定各施工过程之间合理的顺序关系，在工作面及相关条件允许的情况下，除必要的间歇时间外，使不同专业班组完成作业的时间尽可能相互搭接起来，以达到缩短总工期的目的。

### 5.1.2 流水施工的主要参数

为了准确、清楚地表达流水施工在时间和空间上的进展情况，一般采用一系列的参数来表达。这些参数主要包括工艺参数、时间参数和空间参数三种。

#### 5.1.2.1 工艺参数

工艺参数是指拟建工程在组织流水施工时所划分的施工过程数目，用符号 $n$ 表示。

施工过程可以是一道工序，也可以是一个分部分项工程。其数目划分的多少、粗细程度一般要对下列因素综合考虑后确定。

1. 施工计划的性质和作用

对控制性进度计划，施工过程可划分的粗略一些，综合性大一些，如建筑群的流水施工，可划分为基础工程、主体工程、屋面工程及装修工程等几个施工过程。对实施性、指导性的进度计划，其施工过程则应划分得较详细、具体，一般划分至分项工程。如砖混结构主体工程可划分为墙体砌筑和现浇楼板两个施工过程。对月度、旬度作业计划，有些施工过程还可分解为工序，如现浇楼板还可划分为安装模板、绑扎钢筋、浇筑混凝土等几个施工过程。

2. 施工方案与工程结构

不同的施工方案和工程结构也会影响施工过程的划分。如厂房的柱基础与设备基础挖土，若采用敞开式施工，可合并为一个施工过程；如采用封闭式施工，则可分为两个施工过程。砖混结构、框架结构等不同的结构体系，施工过程的划分也各不相同。

3. 劳动组织的形式和劳动量大小

施工过程的划分与施工班组的形式及施工习惯有关。有些过程可组织混合班组或单一班组进行施工。如安装玻璃、油漆施工可合可分。

对劳动量较小的施工过程，当组织流水施工有困难时，可与相邻的其他施工过程合并，按一个施工过程对待。如基础工程施工中，垫层施工劳动量较小，可与挖土合并为一个施工过程。对混凝土工程，若劳动量较小时，可组织混合班组，按一个施工过程对待；而劳动量较大时，可分为支模板、绑扎钢筋、浇筑混凝土三个施工过程，组织专业的班组进行施工。

4. 劳动内容与范围

在流水施工中，直接在施工现场与工程对象上进行的劳动内容，由于占用施工时间，一般划入流水施工过程，如墙体砌筑、现浇楼板、墙面抹灰等施工过程。而场外劳动内容可以不划入流水施工过程，如构件的预制加工与运输等。

#### 5.1.2.2 空间参数

空间参数是指在组织流水施工时，用于表达其在空间布置上所处状态的参数。包括工作面和施工段数。

1. 工作面

工作面（用符号 $A$ 表示）也称为工作前线（用 $L$ 表示），是指某专业工种的施工人员或机械，施工时所必须具备的活动空间，它是依据某工种的产量定额和安全施工技术规范的要求确定的。工作面是否合理，将直接影响生产效率。工作面的计量单位因施工过程性质不同而有所区别，主要工种工作面参考数据见表5-1。

主要工种工作面参考数据表　　　　　表5-1

| 工作项目 | 每个技工的工作面 | | 说　　明 |
|---|---|---|---|
| 砖基础 | 7.6 | m/人 | 以1砖半计，2砖×0.8，3砖×0.5 |
| 砌砖墙 | 8.5 | m/人 | 以1砖计，1砖半×0.7，2砖×0.57 |
| 混凝土柱、墙基础 | 8 | $m^3$/人 | 机拌、机捣 |
| 混凝土设备基础 | 7 | $m^3$/人 | 机拌、机捣 |
| 现浇钢筋混凝土柱 | 3 | $m^3$/人 | 机拌、机捣 |
| 现浇钢筋混凝土梁 | 3.2 | $m^3$/人 | 机拌、机捣 |
| 现浇钢筋混凝土墙 | 5 | $m^3$/人 | 机拌、机捣 |
| 现浇钢筋混凝土楼板 | 5.3 | $m^3$/人 | 机拌、机捣 |
| 预制钢筋混凝土柱 | 3.6 | $m^3$/人 | 机拌、机捣 |
| 预制钢筋混凝土梁 | 3.6 | $m^3$/人 | 机拌、机捣 |
| 预制钢筋混凝土屋架 | 2.7 | $m^3$/人 | 机拌、机捣 |
| 预制钢筋混凝土平板空心板 | 1.91 | $m^3$/人 | 机拌、机捣 |
| 预制钢筋混凝土大型屋面板 | 2.62 | $m^3$/人 | 机拌、机捣 |
| 混凝土地坪及面层 | 40 | $m^3$/人 | 机拌、机捣 |
| 外墙抹灰 | 16 | $m^2$/人 | |
| 内墙抹灰 | 18.5 | $m^2$/人 | |
| 卷材屋面 | 18.5 | $m^2$/人 | |
| 防水水泥砂浆屋面 | 16 | $m^2$/人 | |
| 门窗安装 | 11 | $m^2$/人 | |

2. 施工段数

为了有效地组织流水施工，通常把拟建工程在平面上划分为劳动量大致相等的若干个施工区段，即施工段。施工段的数目用 $m$ 表示。

划分施工段的目的，在于保证不同工种的专业班组，在不同的工作面上同时施工，以消除由于多个工种的专业班组不能同时在同一个工作面上施工而产生的互等、停歇现象，从而充分利用时间、空间，为组织流水施工创造条件。

施工段的划分应考虑以下几个因素：

(1) 以主导施工过程为依据。由于主导施工过程往往对工期起控制作用，因而划分施工段时应以主导施工过程为依据。如现浇钢筋混凝土框架结构主体工程施工，应首先考虑钢筋混凝土工程施工段的划分。

(2) 要有利于结构的整体性。施工段的分界应同施工对象的结构界限（伸缩缝、沉降缝、防震缝、单元分界等）相一致。

（3）考虑各施工段劳动量的大小。为了便于组织流水施工，各施工段劳动量应尽可能相等或相近。

（4）考虑工作面的要求。施工段的划分应保证专业班组或施工机械在各施工段上有足够的工作面，既要提高工效，又能保证施工安全。

（5）当组织楼层结构流水施工时，因为上一层的施工必须待下一层相应部位结构完成后才能开始，所以每一层的流水段划分数目应满足如下关系：

$$m \geq n$$

【例 5-2】 某三层砖混结构住宅楼主体工程施工，划分为砌砖墙和现浇楼板两个施工过程，即 $n=2$。各施工过程在各施工段上的作业时间均为 3d，施工段的划分有以下三种情况：

第一种情况：当 $m=n$，即取 $m=2$，$n=2$ 时，其施工进度计划如图 5-5 所示。

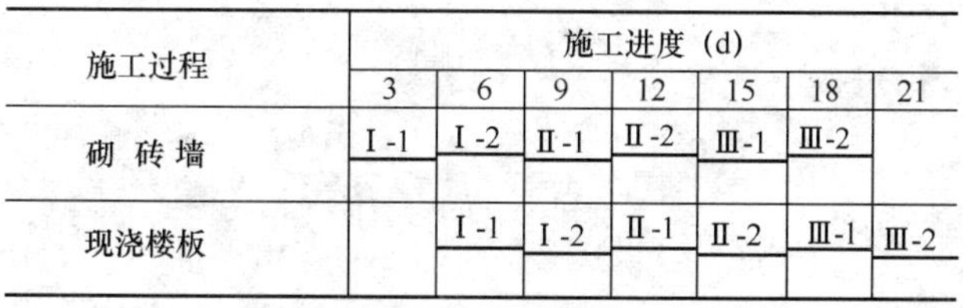

| 施工过程 | 施工进度 (d) | | | | | | |
|---|---|---|---|---|---|---|---|
| | 3 | 6 | 9 | 12 | 15 | 18 | 21 |
| 砌 砖 墙 | Ⅰ-1 | Ⅰ-2 | Ⅱ-1 | Ⅱ-2 | Ⅲ-1 | Ⅲ-2 | |
| 现浇楼板 | | | Ⅰ-1 | Ⅰ-2 | Ⅱ-1 | Ⅱ-2 | Ⅲ-1 | Ⅲ-2 |

图 5-5 当 $m=n$ 时的施工进度计划（Ⅰ、Ⅱ、Ⅲ—施工层）

由图 5-5 可知，当 $m=n$ 时，各专业班组能连续施工，各施工段上始终有施工的专业班组，工作面未出现空闲，工期较短，是一种比较理想的流水施工方案。

第二种情况：当 $m>n$，即当 $m>2$，$n=2$ 时，取 $m=3$，其施工进度计划如图 5-6 所示。

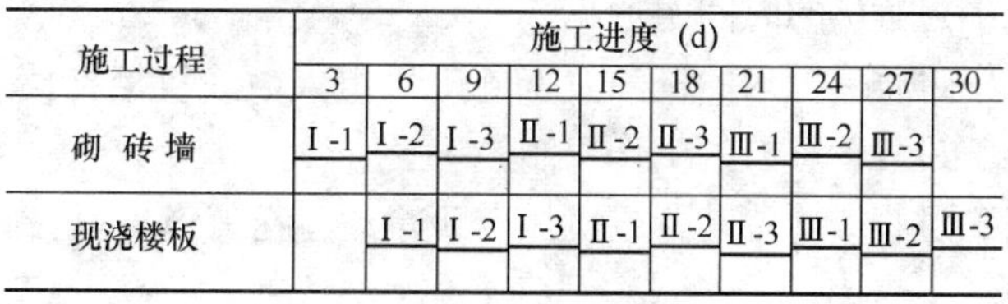

| 施工过程 | 施工进度 (d) | | | | | | | | |
|---|---|---|---|---|---|---|---|---|---|
| | 3 | 6 | 9 | 12 | 15 | 18 | 21 | 24 | 27 | 30 |
| 砌 砖 墙 | Ⅰ-1 | Ⅰ-2 | Ⅰ-3 | Ⅱ-1 | Ⅱ-2 | Ⅱ-3 | Ⅲ-1 | Ⅲ-2 | Ⅲ-3 | |
| 现浇楼板 | | | | Ⅰ-1 | Ⅰ-2 | Ⅰ-3 | Ⅱ-1 | Ⅱ-2 | Ⅱ-3 | Ⅲ-1 | Ⅲ-2 | Ⅲ-3 |

图 5-6 当 $m>n$ 时的施工进度计划

由图 5-6 可知，各专业班组仍能连续施工，但每层楼板施工完毕后，不能立刻投入上一层的砌砖墙工作，即施工段出现了空闲，从而使工期延长。这种组织方式，有时空闲的施工段是必要的，如可以利用停歇时间进行养护、备料及做一些准备工作，因而也是一种常用的施工组织方式。

第三种情况：当 $m<n$ 时，即每层按一个施工段组织施工，其施工进度计划如图 5-7 所示。

由图 5-7 可以看出，施工段没有出现空闲，工作面使用充分。但各专业班组不能连续施工，出现轮流窝工现象，因而对于一幢建筑物组织流水施工是不适宜的。但可以用来组织建筑群的流水施工。

| 施工过程 | 施工进度 (d) | | | | | |
|---|---|---|---|---|---|---|
| | 3 | 6 | 9 | 12 | 15 | 18 |
| 砌 砖 墙 | Ⅰ | | Ⅱ | | Ⅲ | |
| 现浇楼板 | | Ⅰ | | Ⅱ | | Ⅲ |

图 5-7 当 $m<n$ 时的进度计划表

#### 5.1.2.3 时间参数

时间参数是指用来表达参与流水施工的各施工过程在时间上所处状态的参数。它包括流水节拍、流水步距、间歇时间、平行搭接时间、工期等。

1. 流水节拍

流水节拍是指在流水施工中，从事某一施工过程的班组在一个施工段上的作业时间。其大小可以反映施工速度的快慢和节奏。流水节拍用 $t_i$ 来表示。

(1) 流水节拍的确定

一般流水节拍可按下式确定：

$$t_i = \frac{Q_i}{S_i R_i N_i} = \frac{P_i}{R_i N_i} \tag{5-1}$$

或

$$t_i = \frac{Q_i H_i}{R_i N_i} = \frac{P_i}{R_i N_i} \tag{5-2}$$

式中 $t_i$——施工过程 $i$ 的流水节拍；

$Q_i$——施工过程 $i$ 在某一施工段上的工程量；

$S_i$——施工过程 $i$ 的产量定额；

$H_i$——施工过程 $i$ 的时间定额；

$R_i$——施工过程 $i$ 投入的资源量（施工班组人数或机械台数）；

$N_i$——施工过程 $i$ 每天的工作班制；

$P_i$——施工过程 $i$ 的劳动量或机械台班量，由公式（5-3）确定。

$$P_i = \frac{Q_i}{S_i} = Q_i H_i \tag{5-3}$$

【例 5-3】 某工程砌墙劳动量需 660 工日，采用一班制施工，班组人数为 22 人，若分为 5 个施工段，据公式（5-1），则流水节拍为：

$$t_{砌墙} = \frac{660}{5 \times 22 \times 1} d = 6d$$

在工期规定的情况下，可以采用倒排进度的方法，即根据工期要求确定流水节拍，然后计算出所需的施工班组人数或机械台数。计算时首先按一班制，若算得的机械台数或工人数超过施工单位能供应的数量或超过工作面所能容纳的数量时，可增加工作班次或采取其他措施，使每班投入的机械台数或工人数减少到合理范围。

（2）确定流水节拍需要考虑的因素

确定流水节拍时，如果有工期要求，要以满足工期要求为原则，同时要考虑各种资源的供应情况、最少劳动组合和工作面的大小、施工及技术条件的要求等。一般 $t$ 取半天的整倍数。

2. 流水步距

流水步距是指相邻两个专业班组相继进入同一施工段开始施工的时间间隔。通常用 $K_{i,i+1}$ 来表示。流水步距的数目取决于参与流水的施工过程数，施工过程（或班组）数为 $n$，则流水步距总数为 $(n-1)$ 个。流水步距的确定见流水施工的组织方式。

3. 间歇时间

在流水施工中，由于工艺或组织的原因，使施工过程之间所必须存在的时间间隔，称为间歇时间，用 $t_j$ 表示。

（1）技术间歇时间

技术间歇时间是指由于施工工艺或质量保证的要求，在相邻两个施工过程之间必须留有的时间间隔。如混凝土浇捣后的养护时间，屋面找平层施工后做防水层前的干燥时间等。

（2）组织间歇时间

组织间歇时间是指由于施工组织方面的需要，在相邻两个施工过程之间留有的时间间隔。这是为前一施工过程进行检查验收，或为后一施工过程的开始做必要准备工作而考虑的间歇时间。如混凝土浇筑前对钢筋及预埋件的检查时间，墙体砌筑前进行墙身位置弹线所需的时间等。

4. 搭接时间

平行搭接时间是指在同一施工段上，在工作面允许的情况下，前一施工过程尚未结束，后一施工过程就提前投入施工，两者在同一施工段上平行搭接施工的时间。平行搭接时间可缩短工期，所以应最大限度地考虑搭接。搭接时间用 $t_d$ 表示。

5. 流水施工工期

流水施工工期是指从参与流水的第一个施工过程进入第一个施工段开始施工，到最后一个施工过程结束退出最后一个施工段所经过的时间。施工工期用符号 $T$ 表示，一般可用下列公式计算：

$$T = \Sigma K_{i,i+1} + T_n \tag{5-4}$$

式中　$\Sigma K_{i,i+1}$——流水施工中各施工过程之间流水步距之和；

$T_n$——流水施工中最后一个施工过程的持续时间。

【例 5-4】 某工程施工划分为四个施工段，每段有 A、B、C、D 四个施工过程。各施工过程的流水节拍分别为 $t_A=2d$，$t_B=3d$，$t_C=2d$，$t_D=3d$。其中施工过程 A、B 之间有 2d 的技术间歇时间，施工过程 C、D 之间有 1d 的搭接时间。在组织流水施工中各参数表示见施工进度表，如图 5-8 所示。

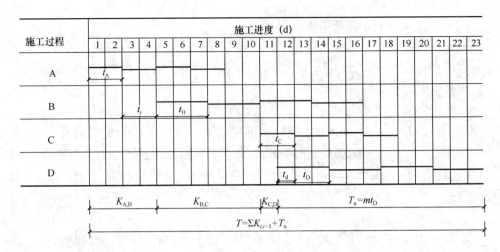

图 5-8 流水施工进度表

## 5.1.3 流水施工的组织

流水施工的节奏是由流水节拍决定的，由于建筑工程的多样性和结构施工的复杂性，使得各分部分项工程的工程量差异较大，流水节拍也不尽相同，因此形成了不同节奏特征的流水施工。

据流水施工节奏特征的不同，流水施工可分为节奏性流水和无节奏流水两大类。

### 5.1.3.1 节奏性流水

1. 全等节拍流水

全等节拍流水又称为固定节拍流水。

(1) 全等节拍流水的节拍特征为：同一施工过程在各施工段上的流水节拍相等；不同施工过程之间的流水节拍均相等。

(2) 全等节拍流水步距和工期的确定：

$$K_{i,i+1} = t + t_j - t_d \tag{5-5}$$

$$T = (m+n-1)t + \Sigma t_j - \Sigma t_d \tag{5-6}$$

式中 $\Sigma t_j$——所有间歇时间之和；

$\Sigma t_d$——所有搭接时间之和。

(3)【例 5-5】 某分部工程施工划分为三个施工段，每段有 A、B、C 三个施工过程，各施工过程的流水节拍均为 3d，试对其组织流水施工。

【解】 由于各施工过程的流水节拍均相等，所以组织全等节拍流水施工。

第一步：确定流水步距。

由于 $t_j=0$ $t_d=0$

所以 $K_{A,B}=K_{B,C}=t=3\text{d}$

第二步：确定工期。

$$T=(m+n-1)t=(3+3-1)\times 3=15\text{d}$$

第三步：绘制施工进度表，如图 5-9 所示。

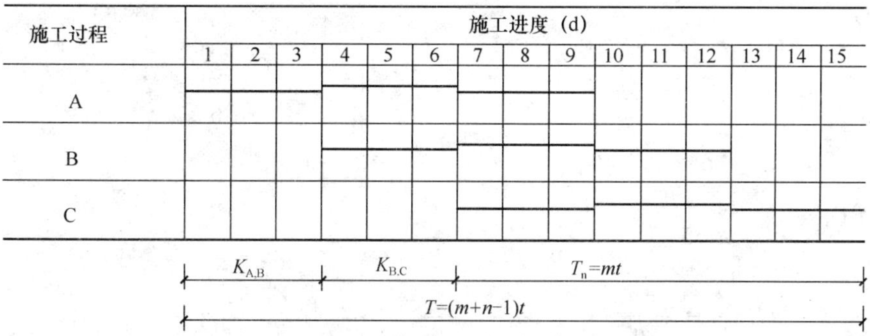

| 施工过程 | 施工进度 (d) |
|---|---|
| | 1 2 3 4 5 6 7 8 9 10 11 12 13 14 15 |
| A | |
| B | |
| C | |

$K_{A,B}$　$K_{B,C}$　$T_n=mt$
$T=(m+n-1)t$

图 5-9　全等节拍流水施工

在图 5-9 中，可以看出由于流水节拍相等，流水施工连续性很好，各专业班组相互衔接，很有节奏性，是一种理想的流水施工组织方式。

（4）全等节拍流水施工的组织要点：首先划分施工过程，将劳动量小的施工过程合并到相邻的施工过程中去，以使各流水节拍相等；其次确定主要施工过程的施工班组人数，计算其流水节拍；最后根据已定的流水节拍，确定其他施工过程的班组人数及其组成。

（5）适用条件：全等节拍流水施工适用于分部工程流水，不适用于单位工程流水，特别是大型的建筑群。因为全等节拍流水施工虽然是一种比较理想的流水施工方式，它能保证专业班组的工作连续，工作面充分利用，实现均衡施工。但由于它要求划分的各分部、分项工程都采用相同的流水节拍，这对一个单位工程或建筑群来说，往往十分困难。因此实际应用范围不是很广泛。

2. 异节拍流水

（1）异节拍流水的节拍特征：同一施工过程的流水节拍在各施工段上相等；不同施工过程之间的流水节拍不相等或不完全相等；

（2）异节拍流水的步距和工期的计算。

流水步距的计算通用计算方法是"累加数列，错位相减，取大差"。工期计算采用公式（5-4）。

（3）【例 5-6】　某学校六层框架结构实训楼室内装饰工程施工，每层为一施工段，其施工过程及流水节拍分别为：窗框安装 3d，顶棚墙面抹灰 6d，楼地面 6d，门窗扇安装 3d，试对该工程组织流水施工。

【解】　根据上述已知条件，该分部工程可组织异节拍流水施工。

第一步：确定流水步距。按"累加数列错位相减取大差"的方法来确定。

求：$K_{框,墙}$。

$$\begin{array}{rrrrrrr} 3 & 6 & 9 & 12 & 15 & 18 & \\ - & 6 & 12 & 18 & 24 & 30 & 36 \\ \hline 3 & 0 & -3 & -6 & -9 & -12 & -36 \end{array}$$

$K_{框,墙} = \max \{3、0、-3、-6、-9、-12、-36\} = 3d$

$K_{墙,地}$

$$\begin{array}{cccccc} 6 & 12 & 18 & 24 & 30 & 36 \\ & 6 & 12 & 18 & 24 & 30 & 36 \\ \hline 6 & 6 & 6 & 6 & 6 & 6 & -36 \end{array}$$

$K_{墙,地} = \max \{6、6、6、6、6、6、-36\} = 6d$

$K_{地,门}$

$$\begin{array}{cccccc} 6 & 12 & 18 & 24 & 30 & 36 \\ & 3 & 6 & 9 & 12 & 15 & 18 \\ \hline 6 & 9 & 12 & 15 & 18 & 21 & -18 \end{array}$$

$K_{地,门} = \max \{6、9、12、15、18、21、-18\} = 21d$

第二步：确定工期。

$$T = \Sigma K_{i,i+1} + T_n = (3+6+21) + 6 \times 3 = 48d$$

第三步：绘制施工进度表（图 5-10）。

| 施工过程 | 施工进度（d） | | | | | | | | | | | | | | | |
|---|---|---|---|---|---|---|---|---|---|---|---|---|---|---|---|---|
| | 3 | 6 | 9 | 12 | 15 | 18 | 21 | 24 | 27 | 30 | 33 | 36 | 39 | 42 | 45 | 48 |
| 窗框安装 | | | | | | | | | | | | | | | | |
| 顶棚墙面抹灰 | | | | | | | | | | | | | | | | |
| 楼地面 | | | | | | | | | | | | | | | | |
| 门窗扇安装 | | | | | | | | | | | | | | | | |

图 5-10 异节奏流水施工

（4）异节奏流水施工的组织要点：对于主导施工过程的施工班组在各施工段上应连续施工，允许有些施工段出现空闲，或有些班组间断施工，但不允许多个施工班组在同一施工段上交叉作业，更不允许发生工艺颠倒的现象。

（5）适用范围：异节奏流水施工适用于施工段大小相等或相近的分部和单位工程的流水施工，它在进度安排上比较灵活，应用范围较广。

3. 成倍节拍流水

（1）成倍节拍流水的节拍特征：同一施工过程的流水节拍在各施工段上相等；不同施工过程之间的流水节拍不相等或不完全相等；各施工过程之间的流水节拍均为最小流水节拍的整倍数。

（2）成倍节拍流水的步距和工期的计算

在成倍节拍流水施工中，任何两个相邻施工班组之间的流水步距，均等于所有流水节拍中最小节拍值。即：

$$K = t_{\min} \tag{5-7}$$

工期的确定采用如下公式：

$$n' = \Sigma b_i \tag{5-8}$$

$$b_i = \frac{t_i}{t_{\min}} \tag{5-9}$$

$$T = (m + n' + 1)t_{\min} \tag{5-10}$$

式中 $n'$——施工班组总数；

$b_i$——施工过程 $i$ 需要的施工班组数；

$t_i$——施工过程 $i$ 的流水节拍；

$t_{\min}$——所有流水节拍中最小流水节拍。

从式（5-7）和式（5-10）中可以看出，成倍节拍流水实质上是一种全等节拍流水施工。它通过对流水节拍值比较大的施工过程增加班组数的方法，使它转换成流水步距均为 $t_{\min}$ 的全等节拍流水施工。

(3)【例 5-7】 工程内容同【例 5-6】，按成倍节拍流水来组织施工。

**解** 根据各施工过程流水节拍的特征，可考虑采用成倍节拍流水施工的组织形式。

第一步：确定流水步距。

据公式（5-7），流水步距为 $K = t_{\min} = 3d$

第二步：确定工期。

首先确定施工班组总数 $n'$：

$$b_{框} = \frac{t_{框}}{t_{\min}} = \frac{3}{3} \text{个} = 1 \text{个}$$

$$b_{墙} = \frac{t_{墙}}{t_{\min}} = \frac{6}{3} \text{个} = 2 \text{个}$$

$$b_{地} = \frac{t_{地}}{t_{\min}} = \frac{6}{3} \text{个} = 2 \text{个}$$

$$b_{门} = \frac{t_{门}}{t_{\min}} = \frac{3}{3} \text{个} = 1 \text{个}$$

则施工班组总数为 $n' = \Sigma b_i = (1+2+2+1)$ 个 $= 6$ 个

流水施工工期为：$T = (m + n' - 1)t_{\min} = (6+6-1) \times 3 = 33d$

第三步：据确定的参数绘制施工进度表，如图 5-11 所示。

| 施工过程 | 施工班组 | 施工进度 (d) | | | | | | | | | | |
|---|---|---|---|---|---|---|---|---|---|---|---|---|
| | | 3 | 6 | 9 | 12 | 15 | 18 | 21 | 24 | 27 | 30 | 33 |
| 窗框安装 | I | 6 | 5 | 4 | 3 | 2 | 1 | | | | | |
| 顶棚墙面抹灰 | I | | | 6 | | 4 | | 2 | | | | |
| | II | | | | 5 | | 3 | | 1 | | | |
| 楼地面 | I | | | | | 6 | | 4 | | 2 | | |
| | II | | | | | | 5 | | 3 | | 1 | |
| 门窗扇安装 | I | | | | | | | 6 | 5 | 4 | 3 | 2 | 1 |

图 5-11 成倍节拍流水施工

(4) 成倍节拍流水施工的组织要点：首先根据工程对象和施工要求，划分若干施工过程；其次确定劳动量最少的施工过程的流水节拍；然后确定其他施工过程的流水节拍,用调整施工班组人数或采取其他措施的方法,使它们的节拍值分别为最小节拍的整倍数。

(5) 适用范围:成倍节拍流水施工,适用于一般的房屋建筑工程、线性工程和建筑群工程的流水施工。

#### 5.1.3.2 无节奏流水

在实际工程中,无节奏流水施工是常见的一种流水施工方式。

1. 无节奏流水施工的节拍特征:无节奏流水施工的每个施工过程的流水节拍在各施工段上不相等或不完全相等,不同施工过程之间的流水节拍更无规律性。

2. 流水步距与工期的确定,采用与异节拍流水相同的方法。

3. 【例 5-8】 某分部工程的施工过程和流水节拍如下表所示,试对其组织流水施工

各施工过程在各施工段上的流水节拍 表 5-2

| 施工过程＼施工段 | 1 | 2 | 3 | 4 |
|---|---|---|---|---|
| A | 2 | 3 | 3 | 2 |
| B | 3 | 4 | 5 | 3 |
| C | 2 | 2 | 3 | 3 |
| D | 4 | 5 | 4 | 4 |

【解】 由所给条件知,该分部工程可组织无节奏流水。

第一步:确定流水步距。按"累加数列错位相减取大差"的方法来确定。

求:$K_{A,B}$

$$
\begin{array}{r}
2 \quad 5 \quad 8 \quad 10 \phantom{00}\\
-\phantom{0} \quad 3 \quad 7 \quad 12 \quad 15\\
\hline
2 \quad 2 \quad 1 \ -2 \ -15
\end{array}
$$

$K_{A,B}$ = max {2、2、1、−2、−15} = 2d

$K_{B,C}$

$$
\begin{array}{r}
3 \quad 7 \quad 12 \quad 15 \phantom{00}\\
-\phantom{0} \quad 2 \quad 4 \quad 7 \quad 10\\
\hline
3 \quad 5 \quad 8 \quad 8 \ -10
\end{array}
$$

$K_{B,C}$ = max {3、5、8、8、−10} = 8d

$K_{C,D}$

$$
\begin{array}{r}
2 \quad 4 \quad 7 \quad 10 \phantom{00}\\
-\phantom{0} \quad 4 \quad 9 \quad 13 \quad 17\\
\hline
2 \quad 0 \ -2 \ -3 \ -17
\end{array}
$$

$K_{C,D}$ = max {2、0、−2、−3、−17} = 2d

第二步:求该分部工程工期。

$T = \Sigma K_{i,i+1} + T_n = (2+8+2) + (4+5+4+4) = 29d$

第三步：绘制施工进度表，如图5-12。

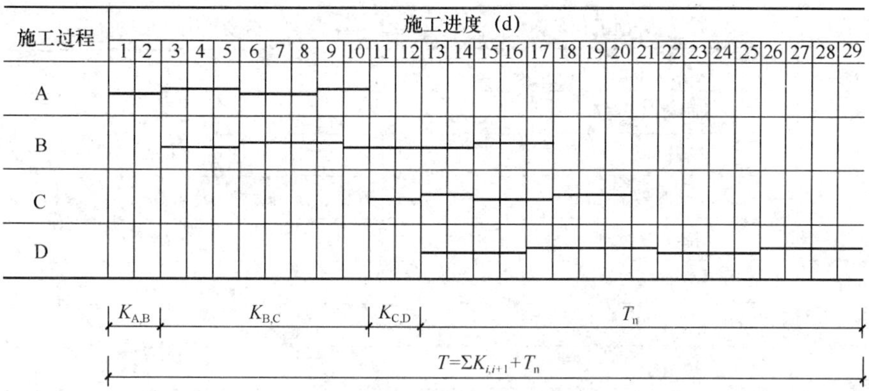

| 施工过程 | 施工进度 (d) |
|---|---|
| A | 1-10 |
| B | 3-18 |
| C | 10-21 |
| D | 13-29 |

图5-12 无节奏流水

4. 无节奏流水施工的组织要点：合理确定相邻施工过程之间的流水步距，保证各施工过程的工艺顺序合理，在时间上最大限度地搭接，并使施工队组尽可能在各施工段上连续施工。

5. 适用范围：无节奏流水施工的施工过程之间，只有工艺上的约束关系，所以在进度安排上灵活自由，适用于各种不同结构性质和规模的工程施工组织，实际应用比较广泛。

在上述各种流水施工的基本方式中，全等节拍流水和成倍节拍流水通常在一个分部或分项工程中，组织流水施工较容易。但对一个单位工程，特别是一个大型建筑群来说，要求所划分的各分部、分项工程都采用相同的流水参数（$m$、$n$、$t$、$k$等）组织流水施工，往往十分困难。这时，常采用分别流水法组织施工，以便能较好地适应建筑工程施工中千变万化的要求。

在实际工程施工中，编制施工进度计划横道图时，一般采用经验绘图法。用公式计算出的施工工期，可作为制表时确定施工天数和检查绘图是否正确的依据。直接经验绘图法概括如下：

当$t_i \leqslant t_{i+1}$时，后一个施工过程的横道线应采用"从前往后画"的方法；

当$t_i > t_{i+1}$时，后一个施工过程的横道线应采用"从后往前画"的方法。

## 5.1.4 流水施工的应用

在建筑工程施工中，通常将单位工程流水分解为分部工程流水，先组织各分部工程的流水施工，然后再考虑各分部工程之间的相互搭接。下面以本教材第三篇工程实例说明流水施工的应用。其劳动量一览表见表5-3。

六层框架结构实训楼劳动量一览表　　表5-3

| 序号 | 分项工程名称 | 劳动量（工日或台班） |
|---|---|---|
| 一 | 基础工程 | |
| 1 | 机械挖土方 | 6 |

续表

| 序号 | 分项工程名称 | 劳动量（工日或台班） |
|---|---|---|
| 2 | 基础垫层 | 47 |
| 3 | 绑扎基础钢筋 | 82 |
| 4 | 基础模板 | 62 |
| 5 | 基础混凝土 | 90 |
| 6 | 砌砖 | 102 |
| 7 | 土方回填 | 104 |
| 二 | 主体工程 | |
| 8 | 脚手架 | 310 |
| 9 | 柱钢筋 | 178 |
| 10 | 柱模板 | 219 |
| 11 | 柱混凝土 | 237 |
| 12 | 楼梯、梁、板模板 | 2757 |
| 13 | 楼梯、梁、板钢筋 | 1062 |
| 14 | 楼梯、梁、板混凝土 | 911 |
| 15 | 拆模 | |
| 16 | 砌墙 | 453 |
| 三 | 屋面工程 | |
| 17 | 屋面找坡保温层 | 158 |
| 18 | 屋面防水保护层 | 93 |
| 四 | 装饰工程 | |
| 19 | 外墙保温 | 445 |
| 20 | 外墙贴面砖 | 1212 |
| 21 | 楼地面 | 1084 |
| 22 | 顶棚墙面抹灰 | 1266 |
| 23 | 门窗框安装 | 214 |
| 24 | 吊顶 | 437 |
| 25 | 门扇窗扇安装 | 221 |
| 26 | 油漆涂料 | 476 |
| 27 | 散水、台阶 | 73 |
| 28 | 其他 | 50 |
| 五 | 水暖电等安装工程 | |

本工程由基础、主体、屋面、装饰、水暖电安装等分部工程组成，每个分部工程组织施工的具体方法如下。

#### 5.1.4.1 基础工程

基础工程由机械挖土方、混凝土垫层、绑扎基础钢筋、支设基础模板、浇筑基基础混凝土、砌筑及回填土等施工过程组成。挖土方为机械施工,采用一台反铲挖土机,配备6台自卸汽车运土。土方开挖后及时进行验槽;垫层包括褥垫层和混凝土垫层施工,这两个施工过程不参与流水。对其他施工过程,分为两个施工段组织不等节拍流水施工。其中基础混凝土浇筑完成后需要养护一天。

(1) 机械挖土方6个台班,采用一台机械两班制施工。持续时间为 $t_{挖土}=\frac{6}{2}$d $=3$d。

(2) 混凝土垫层劳动量为47工日,一班制施工,施工班组人数安排为16人,其持续时间为:

$$t_{垫层}=\frac{47}{16}\text{d}=2.9\text{d},取为3d$$

(3) 绑扎基础钢筋劳动量为82工日,一班制施工,施工班组人数安排为20人,其流水节拍为:

$$t_{绑筋}=\frac{82}{2\times20\times1}\text{d}=2.05\text{d},取为2d$$

(4) 基础模板劳动量为62工日,一班制施工,施工班组人数安排为15人,其流水节拍为:

$$t_{模板}=\frac{62}{2\times15\times1}\text{d}=2.07\text{d},取为2d$$

(5) 基础混凝土劳动量为90工日,两班制施工,施工班组人数安排为22人,其流水节拍为:

$$t_{混凝土}=\frac{90}{2\times22\times2}\text{d}=1.02\text{d},取为1d$$

(6) 基础砌筑包括砖基础砌筑和砖砌靠墙管沟砌筑,一班制施工,施工班组人数安排为26人,其流水节拍为:

$$T_{砌筑}=\frac{102}{2\times26\times1}\text{d}=1.92\text{d},取为2d$$

(7) 回填土劳动量为104工日,一班制施工,施工班组人数安排为25人,其施工持续时间为:

$$t_{回填土}=\frac{104}{2\times25\times1}\text{d}=2.08\text{d},取为2d$$

则基础的施工时间为:

$$T=t_{挖土方}+t_{垫层}+(K_{绑筋,模板}+K_{模板,混凝土}+K_{混凝土,砌筑}+K_{砌筑,回填}+T_{回填})+t_j$$
$$=3+3+(2+3+1+2+2\times2)+1\text{d}=19\text{d}$$

基础工程施工进度见第三篇附表1。

### 5.1.4.2 主体工程

基础工程完成后,进行验收和主体放线,开始进行主体施工。主体工程由脚手架、柱钢筋、柱模板、柱混凝土、楼梯、梁、板模板,楼梯、梁、板钢筋,楼梯、梁、板混凝土,拆模,砌围护墙等施工过程组成。其中满堂脚手架的搭设、模板拆除两施工过程随着施工进度而穿插进行。支梁板楼梯模板为主导施工过程,所以在组织流水施工时，主要考虑此过程的连续施工，其他施工过程根据工艺要求，尽量平行搭接。主体工程在平面上划分为两个施工段，考虑到在组织主体工程流水施工时 $m \geqslant n$ 的要求，具体组织安排时，其他施工工程的流水节拍时间之和不超过主导施工过程即梁板楼梯模板的流水节拍。具体组织如下：

（1）柱钢筋劳动量为 178 工日，一班制施工，施工班组人数安排为 15 人，其流水节拍为：

$$t_{柱筋} = \frac{178}{12 \times 15 \times 1} d = 0.99d，取为 1d$$

（2）柱板模板劳动量为 219 工日，一班制施工，施工班组人数安排为 18 人，其流水节拍为：

$$t_{柱模板} = \frac{219}{12 \times 18 \times 1} d = 1.01d，取为 1d$$

（3）柱混凝土劳动量为 237 工日，一班制施工，施工班组人数安排为 20 人，其流水节拍为：

$$t_{柱混凝土} = \frac{237}{12 \times 20 \times 1} d = 0.99d，取为 1d$$

（4）楼梯、梁、板模板劳动量为 2757 工日，两班制施工，施工班组人数安排为 19 人，其流水节拍为：

$$t_{梯梁板模板} = \frac{2757}{12 \times 19 \times 2} d = 6.0d，取为 6d$$

（5）楼梯、梁、板钢筋劳动量为 1062 工日，两班制施工，施工班组人数安排为 22 人，其流水节拍为：

$$t_{梯梁板钢筋} = \frac{1062}{12 \times 22 \times 2} d = 2.01d，取为 2d$$

（6）楼梯、梁、板混凝土劳动量为 911 工日，三班制施工，施工班组人数安排为 25 人，其流水节拍为：

$$t_{梯梁板混凝土} = \frac{911}{12 \times 25 \times 3} d = 1.01d，取为 1d$$

（7）主体工程完成后进行围护墙的砌筑，此施工过程不参与流水。其劳动量为 453 工日，一班制施工，施工班组人数安排为 25 人，其施工持续时间为：

$$t_{砌墙} = \frac{453}{25 \times 1} d = 18.1d，取为 18d$$

由于参与流水的施工过程中，主导施工工程的流水节拍与其他过程的节拍之和相等（梁板楼梯模板与梁板楼梯钢筋搭接 1d），则主体阶段施工时间的确定如下：

$$T = (m+n-1) \times t + T_{砌墙} = (12+2-1) \times 6 + 18 = 96d$$

主体工程施工进度表见第三篇附表 1。

#### 5.1.4.3 屋面工程

屋面工程由屋面找坡层、保温层、防水层等施工过程组成，找平层完成后需有充分的干燥时间，以保证防水层质量。考虑到屋面工程的防水要求，屋面工程不再划分施工段。

(1) 屋面防水层劳动量为 93 工日，一班制施工，施工班组人数安排为 18 人，其施工持续时间为：

$$t_{防水} = \frac{93}{18 \times 1} d = 5.2d，取为 5d$$

(2) 屋面找坡层、保温层劳动量为 158 工日，一班制施工，施工班组人数安排为 27 人，其施工持读时间为：

$$t_{找坡、保温} = \frac{158}{27 \times 1} d = 5.9d，取为 6d$$

屋面工程施工进度表见第三篇附表 1。

#### 5.1.4.4 装饰工程

装饰工程由外墙保温、外墙贴面砖、窗框安装、楼地面、顶棚墙面抹灰、门窗扇安装、顶棚、墙面油漆涂料、吊顶、台阶散水等施工过程组成。外墙保温及外墙贴面砖采用自上而下的施工顺序，不参与流水施工。其他室内装饰工程的施工采用自上而下的施工流向，每层作为一个施工段，组织异节拍流水施工。每个施工过程班组人员安排、班制及施工进度情况见第三篇附表 1。

#### 5.1.4.5 水暖电安装工程

水暖电安装工程随工程的施工穿插进行。

施工进度计划见附表 1。

## 过程 5.2 用网络图表达施工进度计划

### 5.2.1 网络计划简介

#### 5.2.1.1 施工进度网络计划的表示方式

网络计划是建立在网络图基础上的。网络图按箭线和节点所代表的含义不同，可分为双代号网络图和单代号网络图，分别如图 5-14、图 5-15 所示。根据有无时间坐标（即按其箭线的长度是否按照时间坐标刻度表示），双代号网络图分为：无时标网络图（即一般双代号网络图）和时标网络图，如图 5-16 所示。

【例 5-9】 某工程由支模板、绑钢筋、浇筑混凝土三个施工过程组成，它在平面上划分三个施工段，采用流水施工方式组织施工，各施工过程在各个施工段上的持续时间依次为 4d、3d 和 2d，现分别采用横道图（图 5-13）、双代号网络图、单代网络图和时标网络图表示如下。

#### 5.2.1.2 网络计划的优缺点

网络计划同横道计划相比具有以下优缺点：

(1) 从工程整体出发，统筹安排，能明确表示工程中各个工作间的先后顺序和相互制约、相互依赖关系。

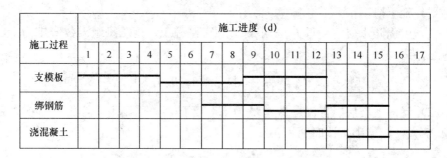

图 5-13 流水施工横道图

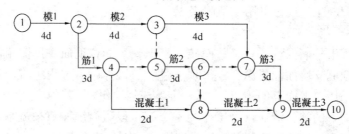

图 5-14 双代号网络图

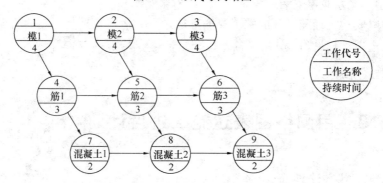

图 5-15 单代号网络图

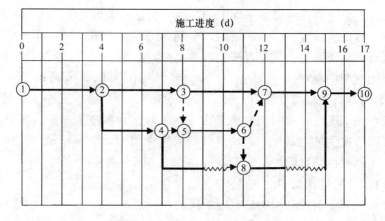

图 5-16 双代号时标网络图

(2) 通过网络时间参数计算，找出关键工作和关键线路，显示各工作的机动时间，从而使管理人员集中精力抓施工中的主要矛盾，确保按期竣工，避免盲目抢工。

(3) 通过优化，可在若干可行方案中找到最优方案。

(4) 网络计划执行过程中，由于可通过时间参数计算，预先知道各工作提前或推迟完成对整个计划的影响程度，管理人员可以采用技术组织措施对计划进行有效控制和监督，从而加强施工管理工作。

(5) 可以利用计算机对复杂的计划进行计算、调整与优化，实现计划管理的科学化。

网络计划虽然具有以上的优点，但还存在一些缺点，如表达计划不直观，不易看懂，不能反映出流水施工的特点，不易显示资源平衡情况等。以上不足之处可以采用时标网络计划来弥补。

### 5.2.2 双代号网络图

以一个箭线及其两端节点（圆圈）的编号表示一个施工过程（或工作、工序、活动等）编制而成的网络图称为双代号网络图，如图 5-17 所示。

#### 5.2.2.1 双代号网络图的表示方法

如图 5-14 及图 5-17 所示。施工过程名称写在箭线上面，施工过程持续时间写在箭线下面，箭尾表示施工过程开始，箭头表示施工过程结束。并在节点内进行编号，用箭尾节点号码 $i$ 和箭头节点号码 $j$ 作为这个施工过程的代号，如图 5-17 所示。由于各施工过程均用两个代号表示，所以叫做双代号表示方法，用双代号网络图表示的计划叫做双代号网络计划。

图 5-17 $i<j$

#### 5.2.2.2 构成双代号网络图的基本要素

双代号网络图由箭线、节点和线路三个基本要素构成，其各自表示的内容如下：

1. 箭线

网络图中一端带箭头的线段叫箭线。在双代号网络图中，箭线有实箭线和虚箭线两种，两者表示的含义不同。

(1) 实箭线表达的内容有以下几个方面

1) 一根实箭线表示一个施工过程或一项工作（工序）。实箭线表示的工作可大可小，如支模板、绑扎钢筋、浇筑混凝土等，也可以表示一个分部工程或工程项目。

2) 一根实箭线表示需消耗时间及资源的一项工作。一般而言，每项工作的完成都要消耗一定的时间和资源，如砌墙、浇筑混凝土等；也存在只消耗时间而不消耗资源的工作，如混凝土养护、砂浆找平层干燥等技术间歇，若单独考虑时，也应作为一项工作对待。

3）实箭线的所指方向为工作前进的方向，箭尾表示工作的开始，箭头表示工作的结束。

4）在无时间坐标的网络图中，箭线的长度不代表工作持续时间的长短。

5）箭线可以画成直线、折线或斜线。必要时，箭线也可以画成曲线。但应以水平直线为主。

(2) 虚箭线的含义

在双代号网络图中，虚箭线仅表示工作的逻辑关系。它不是一项正式的工序，而是在绘制网络图时根据逻辑关系增设的一项"虚拟工作"。主要是帮助正确表达各工作之间的关系，具体的作用放在后面讲。

2. 节点

网络图中箭线端部的圆圈就是节点。

(1) 在双代号网络图中，节点表达的内容有以下几个方面

1）表示前一工作结束和后一工作开始的瞬间，所以节点不需要消耗时间和资源。

2）箭线的箭尾节点表示该工作的开始，称为该工作的开始节点；箭线的箭头节点表示该工作的结束（或完成），称为该工作的结束节点（或完成节点），如图5-18所示。

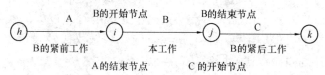

图5-18 开始节点与结束节点

3）根据节点在网络图中的位置不同可以分为起点节点、终点节点和中间节点。起点节点是网络图的第一个节点，它表示一项任务的开始，如图5-14所示，节点①即为起点节点。终点节点是网络图的最后一个节点，表示一项任务的完成，如图5-14所示，节点⑩即为终点节点。中间节点是除起点节点和终点节点以外的节点称为中间节点，例如图5-14所示，节点②～⑨均为中间节点。中间节点它既表示紧前各工作的结束，又表示紧后各工作的开始，如图5-18所示。紧排在本工作之前的工作称为本工作的紧前工作，紧排在本工作之后的工作称为本工作的紧后工作，如图5-18所示。

(2) 节点的编号

网络图中的每个节点都有自己的编号，以便赋予每项工作以代号，且便于计算网络图的时间参数和检查网络图是否正确。

1) 节点编号的原则。其一，箭头节点编号大于箭尾节点编号，因此节点编号顺序是：从起点节点开始，依次向终点节点进行。其二，在一个网络图中，所有节点的编号不能重复，号码可以按自然数顺序连续进行，也可以不连续。

2）节点编号的方法有两种：一种是水平编号法，即从起点节点开始由上到下逐行编号，每行则自左到右按顺序编号，如图 5-14 所示；另一种是垂直编号法，即从起点节点开始由自左到右逐列编号，每列则根据编号原则要求进行编号，如图 5-36 所示。

3. 线路、关键线路和关键工作

（1）线路

网络图中从起点节点开始，沿箭头方向，通过一系列箭线与节点，最后达到终点节点的通路称为线路。一个网络图中，从起点节点到终点节点，一般都存在着许多条线路，如图 5-19（a）所示中，有三条线路如图 5-19（b），每条线路都包含若干项工作，这些工作的持续时间之和就是该线路的时间长度，即线路上总的工作持续时间。三条线路各自的总持续时间如图 5-19（c）所示。

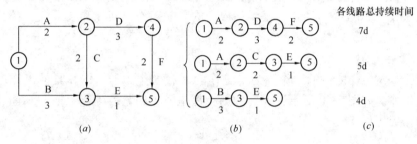

图 5-19　网络图的线路
(a) 网络图；(b) 线路；(c) 线路持续时间

（2）关键线路和关键工作

线路上总的工作持续时间最长的线路称为关键线路。如图 5-19 所示，线路 1-2-4-5 总的工作持续时间最长，即为关键线路。其余线路为非关键线路。位于关键线路上的工作称为关键工作。关键工作完成快慢直接影响整个计划工期的实现。

一般来说，一个网络图中至少有一条关键线路。关键线路也不是一成不变的，在一定条件下，关键线路和非关键线路会相互转化。例如，当采取技术组织措施，缩短关键工作的持续时间，或者非关键工作持续时间延长时，就有可能使关键线路发生转移。网络计划中，关键工作的比重不宜过大，这样有利于抓住主要矛盾。

关键线路宜用粗箭线、双箭线或彩色箭线标注，以突出其在网络计划中的重要地位。

**5.2.2.3　网络图的逻辑关系**

网络图的逻辑关系是指网络图中工作之间先后顺序关系。工作之间的逻辑关系包括工艺关系和组织关系。

1. 工艺关系

是指生产性工作之间由工艺过程决定的、非生产性工作之间由工作程序决定的先后顺序关系。如图 5-20 所示，模 1→筋 1→混凝土 1 为工艺关系。

2. 组织关系

是指工作之间由于组织安排需要或资源（劳动力、材料、施工机具等）调配

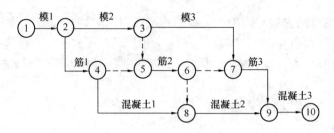

图 5-20 某工程施工逻辑关系

需要而人为安排的先后顺序关系。如图 5-20 所示，模 1→模 2→模 3 为组织关系。

#### 5.2.2.4 几个重要的基本概念

1. 紧前工作

紧排在本工作之前的工作称为本工作的紧前工作。本工作和紧前工作之间可能有虚工作。如图 5-20 所示，模 1 是模 2 的紧前工作；筋 2 和混凝土 1 都是混凝土 2 的紧前工作。

2. 紧后工作

紧排在本工作之后的工作称为本工作的紧后工作。本工作和紧前工作之间可能有虚工作。如图 5-20 所示，模 2 和筋 1 都是模 1 的紧后工作；模 3 和筋 2 都是模 2 的紧后工作。

3. 平行工作

可与本工作同时进行的工作称为本工作的平行工作。如图 5-20 所示，模 2 和筋 1 互为平行工作。

#### 5.2.2.5 双代号网络图的绘制

1. 常用的逻辑关系表示方法（表 5-4）

常用的逻辑关系表示方法　　　　表 5-4

| 序号 | 工作之间的逻辑关系 | 网络图中的表示方法 | 说　明 |
|---|---|---|---|
| 1 | A、B、C 三项工作，依次施工。<br>即 A→B→C | ○→A→○→B→○→C→○ | 工作 B 依赖工作 A，工作 A 约束工作 B |
| 2 | A、B、C 三项工作；A 完成后，B、C 才能开始。<br>即 A→B、C | | B、C 为平行工作，同时受 A 工作制约 |
| 3 | A、B、C 三项工作；C 只能在 A、B 完成后才能开始。<br>即 A→C；B→C | | A、B 为平行工作 |

续表

| 序号 | 工作之间的逻辑关系 | 网络图中的表示方法 | 说　明 |
|---|---|---|---|
| 4 | A、B、C、D四项工作；当A完成后，B、C才能开始，B、C完成后，D才能开始。<br>即 A→B、C；<br>　　B、C→D | 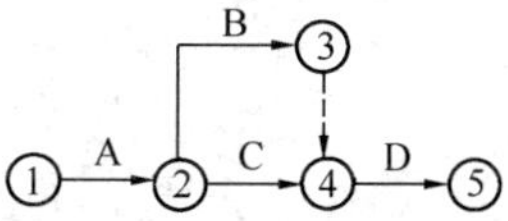 | B、C为平行工作，同时受A工作制约，又同时制约D工作 |
| 5 | A、B、C、D四项工作；当A、B完成之后，C、D才能开始。<br>即　A→C、D<br>　　B→C、D | 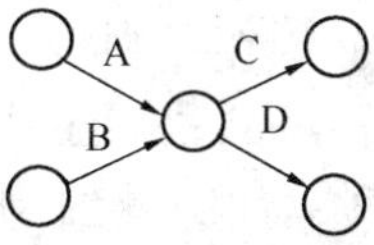 | A、B的结束节点是C、D的开始节点 |
| 6 | A、B、C、D四项工作；A完成后，C才能开始，A、B完成后，D才能开始。<br>即　A→C、D<br>　　B→D | 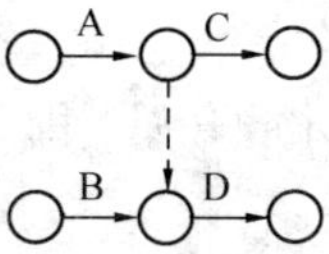 | A、D之间引入了虚工作，只有这样才能正确表达它们之间的约束关系 |
| 7 | A、B、C、D、E五项工作；A、B完成之后，D才能开始；B、C完成之后，E才能开始。<br>即　A→D<br>　　B→D、E<br>　　C→E | 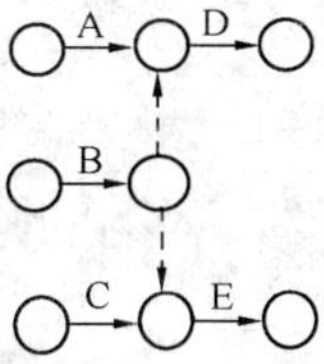 | B、D之间和B、E之间引入了虚工作，只有这样才能正确表达它们之间的约束关系 |
| 8 | A、B、C、D、E五项工作；A完成之后，C、D才能开始；B完成之后，D、E才能开始。<br>即　A→C、D<br>　　B→D、E | 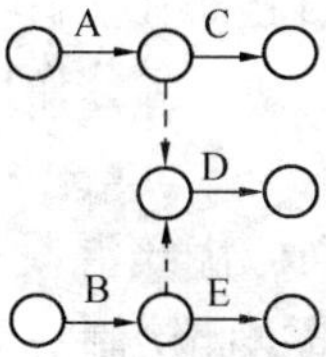 | A、D之间和B、D之间引入了虚工作，只有这样才能正确表达它们之间的约束关系 |
| 9 | A、B、C、D、E五项工作；A、B、C完成之后，D才能开始；B、C完成之后，E才能开始。<br>即　A→D<br>　　B→D、E<br>　　C→D、E | 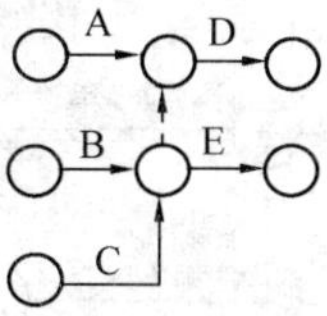 | 虚工作正确处理了作为平行工作的A、B、C既全部作为D的紧前工作，又部分作为E的紧前工作的关系 |
| 10 | A、B两项工作；按三个施工段组织流水施工A先开始，B后结束 | 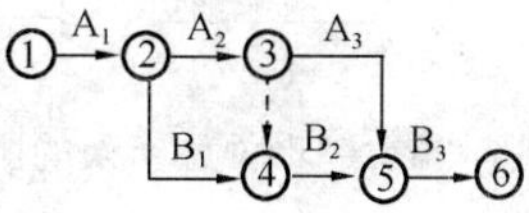 | A、B平行搭接施工 |

2. 虚箭线的作用

虚箭线的作用主要是帮助正确表达各工作之间的关系，避免出现逻辑错误。虚箭线的作用主要是：连接、区分和断路。

(1) 连接作用

例如：A、B、C、D 四项工作；工作 A 完成后，工作 C 才能开始；工作 A、B 完成后，工作 D 才能开始。即 A→C、D；B→D。

图 5-21 连接作用示意图

工作 A 和工作 B 比较，工作 B 后面只有工作 D 这一项紧后工作，则将工作 D 直接画在工作 B 的箭头节点上；工作 C 仅作为工作 A 的紧后工作，则将工作 C 的箭线直接画在工作 A 的箭头节点上；工作 A 的紧后工作除了工作 C 外还有工作 D，此时必须引进虚箭线（如图 5-21 所示），将工作 A 与工作 D 两项工作连接起来，这里，虚箭线起到了逻辑连接作用。

(2) 区分作用

例如：A、B、C、D 四项工作；当工作 A 完成后，工作 B、工作 C 才能开始；工作 B、工作 C 完成后，工作 D 才能开始。即 A→B、C；B、C→D。

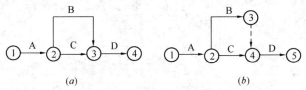

图 5-22 区分作用示意图
(a) 错误；(b) 正确

图 5-22 (a) 中逻辑关系是正确的，但出现了无法区分代号②→③究竟代表工作 B，还是代表工作 C 的问题，因此需在工作 B、工作 D 之间引进虚箭线加以区分（如图 5-22b），这里，虚箭线起到了区分作用。

(3) 断路作用

如：某工程由支模板、绑钢筋、浇筑混凝三个施工过程组成，它在平面上划分三个施工段，组织流水施工，试据此绘制一双代号网络图。

如画成图 5-23 所示的网络图，则是错误的。因为该网络计划中模 2 与混凝土 1，模 3 与混凝土 2 等两处把并无联系的工作联系上了，出现了多余联系的错误。

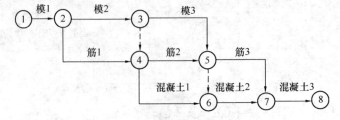

图 5-23 逻辑关系错误的画法

为了消除这种错误的联系，在出现逻辑错误的节点之间增设新节点（即虚箭线），即将筋1的结束节点与筋2的开始节点、筋2的结束节点与筋3的开始节点分开，切断毫无关系的工作之间的关系，其正确的网络图如图5-24所示。这里增加了④→⑤和⑥→⑦两个虚箭线，起到了逻辑断路的作用。

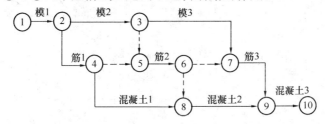

图 5-24　逻辑关系正确的画法

3. 双代号网络图的绘制规则

(1) 双代号网络图必须表达已定的逻辑关系。

(2) 在双代号网络图中，严禁出现循环回路。即不允许从一个节点出发，沿箭线方向再返回到原来的节点。在图5-25中，②→③→④→②就组成了循环回路，导致违背逻辑关系的错误。

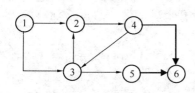 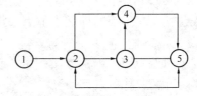

图 5-25　不允许出现循环回路　　图 5-26　不允许出现双向箭头及无箭头

(3) 在双代号网络图中，节点之间严禁出现带双向箭线或无箭头的连线。在图5-26中③—⑤连线无箭头，②←→⑤连线有双向箭头，均是错误的。

(4) 在双代号网络图中，严禁出现没有箭尾节点的箭线或没有箭头节点的箭线。如图5-27示。

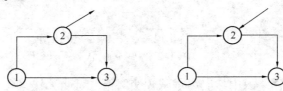

图 5-27　没有箭头节点和无箭尾节点的箭线的错误网络图

(5) 在一个网络图中，不允许出现同样编号的节点或箭线。在图5-28(a)中，A、B两个施工过程均用①→②代号表示（即出现了相同编号的箭线）是错误的，正确的表达应如图5-28(b)或图5-28(c)所示。

(6) 在一个网络图中，只允许有一个起点节点和一个终点节点。图5-29中，出现了①、②两个起点节点是错误的，出现了⑦、⑧两个终点节点也是错误的。

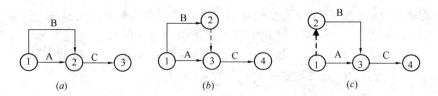

图 5-28 不允许出现相同编号的节点或箭线
(a) 错误；(b) 正确；(c) 正确

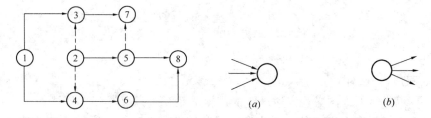

图 5-29 只允许有一个起点节
点和一个终点节点

图 5-30 内向箭线和外向箭线
(a) 内向箭线；(b) 外向箭线

如果出现多个起点节点或多个终点节点，其解决方法是：将没有紧前工作的节点全部合并为一个节点，即起点节点；将没有紧后工作的节点全部合并为一个节点，即终点节点。

起点节点和终点节点判别方法：无内向箭线的节点为起点节点；无外向箭线的节点为终点节点（图 5-30）。

(7) 在双代号网络图中，不允许出现一个代号代表一个施工过程。如图 5-31 (a) 中，施工过程 B 与 A 的表达是错误的，正确的表达应如图 5-31 (b) 所示。

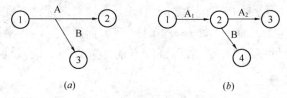

图 5-31 不允许出现一个代号代表一项工作
(a) 错误；(b) 正确

(8) 在双代号网络图中，应尽量减少交叉箭线，当无法避免时，通常采用过桥法或断线法表示。如图 5-32 (a) 为过桥法表示，图 5-32 (b) 为断线法表示。

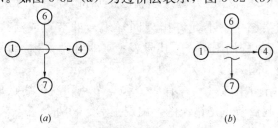

图 5-32 箭线交叉的处理方法
(a) 过桥法；(b) 断线法

4. 双代号网络图的绘制方法与步骤

在绘制双代号网络图时，先根据网络计划的逻辑关系，绘制出草图，再按照绘图规则进行调整布局，最后形成正式网络图，具体绘制方法和步骤如下：

(1) 绘制没有紧前工作的工作，如果有多项则使它们具有相同的箭尾节点，即起点节点。

(2) 依次绘制其他工作箭线。

(3) 合并没有紧后工作的箭线，即终点节点。

(4) 检查逻辑关系没有错误，也无多余箭线后，进行节点编号。

【例5-10】 已知各工作间的逻辑关系如表5-5所示，试绘制双代号网络图。

工作间的逻辑关系　　　　　　　　　表5-5

| 工作名称 | A | B | C | D | E | F | G | H |
|---|---|---|---|---|---|---|---|---|
| 紧前工作 | — | — | — | A | A、B | C | D、E | E、F |
| 紧后工作 | D、E | E | F | G | G、H | H | — | — |

【解】 (1) 绘制没有紧前工作的工作A、B、C，如图5-33 (a) 所示。

(2) 绘制工作F，工作C只有一个紧后工作F。将工作F的箭线直接画在工作C的箭头节点上即可，同理将工作E的箭线直接画在工作B的箭头节点上即可，如图5-33 (b) 所示。

(3) 绘制工作D，工作D仅作为工作A的紧后工作，将工作D的箭线直接画在工作A的箭头节点上即可，如图5-33 (b) 所示。

(4) 用虚箭线连接工作A与工作E，箭头方向向下，如图5-33 (b) 所示。

(5) 同 (2) 绘制工作G和工作H，如图5-33 (c) 所示。

(6) 用虚箭线连接工作E与工作G，箭头方向向上；用虚箭线连接工作E与工作H，箭头方向向下，如图5-33 (d) 所示。

(7) 将没有紧后工作的箭线合并，得到终点节点，并对图形进行调整，使其美观对称，检查无误后，将网络图进行编号，如图5-33 (e) 所示。

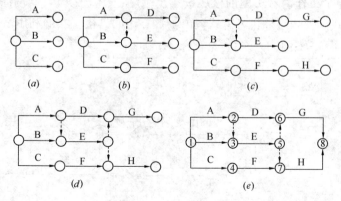

图5-33

5. 施工网络计划的排列方法

为了使网络计划更确切地反映建筑工程施工特点,绘图时可根据不同的工程情况、施工组织而灵活排列,以简化层次,使各项工作之间的逻辑关系更清晰。建筑工程施工进度网络计划常采用下列几种排列方法。

(1) 按工种排列

它是将同一工种的各项工作排列在同一水平方向上的方法,如图 5-34 所示。能够突出不同工种的工作情况。

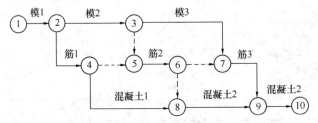

图 5-34 按工种排列的网络图

(2) 按施工段排列

它是将同一施工段的各项工作排列在同一水平方向上的方法,如图 5-35 所示。能够反映出建筑工程分段施工的特点,突出表示工作面的利用情况。

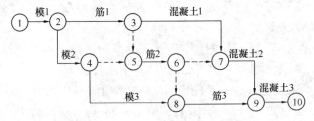

图 5-35 按施工段排列的网络图

(3) 按楼层排列

它是将同一楼层上的各项工作排列在同一水平方向上的方法,如图 5-36 所示。当有若干个工作沿着房屋的楼层按一定顺序组织施工时,其网络计划一般都可以按 此方式排列,这种排列方式突出了各工作面(楼层)的利用情况。

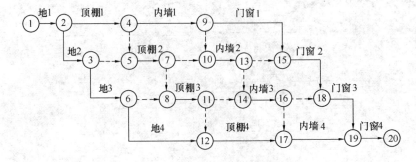

图 5-36 按楼层排列的网络图

(4) 混合排列

绘制一些简单的网络计划，可根据施工顺序和逻辑关系将各施工过程对称排列，如图 5-37 所示。其特点是图形美观、形象。

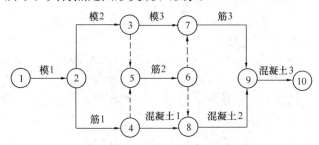

图 5-37 混合排列的网络图

### 5.2.3 双代号网络计划时间参数的计算

网络计划时间参数计算的目的：是确定关键工作、关键线路和计算工期的基础；确定非关键工作的机动时间；进行网络计划优化，实现对工程进度计划进行科学管理的依据。

双代号网络图的时间参数计算方法常用的有两种：按工作计算法和按节点计算法。本章以"按工作计算法"为主要计算途径来计算时间参数。所谓按工作计算法，就是以网络计划中的工作为对象，直接计算各项工作的时间参数。这些时间参数包括：工作的最早开始时间和最早完成时间、工作的最迟完成时间和最迟开始时间、工作的总时差和自由时差。此外，还应计算网络计划的计算工期（图 5-38）。

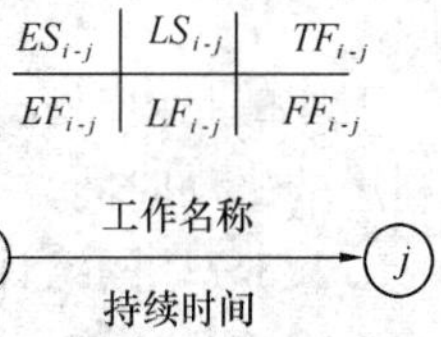

图 5-38 按工作计算法的标注形式

#### 5.2.3.1 双代号网络计划的时间参数及符号（按工作计算法）

设有线路 $h \rightarrow i \rightarrow j \rightarrow k$ 则

1. 工作持续时间 $D_{i-j}$

工作持续时间是指一项工作从开始到完成的时间。在双代号网络计划中，工作 $i-j$ 的持续时间用 $D_{i-j}$ 表示。

工作 $i-j$ 的紧前工作 $h-i$ 的持续时间用 $D_{h-i}$ 表示。

工作 $i-j$ 的紧后工作 $j-k$ 的持续时间用 $D_{j-k}$ 表示。

2. 工期

工期泛指完成一项任务所需要的时间。在网络计划中，工期一般有以下三种。

（1）计算工期 $T_c$：是根据网络计划时间参数计算而得到的工期，用 $T_c$ 表示。

（2）要求工期 $T_r$：是任务委托人所提出的合同工期或指令性工期，用 $T_r$ 表示。

（3）计划工期 $T_p$：是指根据要求工期和计算工期所确定的作为实施目标的工期，用 $T_p$ 表示。

1）当已规定了 $T_r$ 时，计划工期不应超过要求工期，即：

$$T_p \leqslant T_r \tag{5-11}$$

2) 当未规定 $T_r$ 时，可令计划工期等于计算工期，即：

$$T_p = T_c \tag{5-12}$$

3. 工作的最早开始时间 $ES_{i-j}$ 和最早完成时间 $EF_{i-j}$

工作的最早开始时间，是指在其所有紧前工作全部完成后，本工作有可能开始的最早时刻。

工作的最早完成时间，是指在其所有紧前工作全部完成后，本工作有可能完成的最早时刻。

4. 工作的最迟完成时间 $LF_{i-j}$ 和最迟开始时间 $LS_{i-j}$

工作的最迟完成时间，是指在不影响整个任务按期完成的前提下，本工作必须完成的最迟时刻。

工作的最迟开始时间，是指在不影响整个任务按期完成的前提下，本工作必须开始的最迟时刻。

5. 工作的总时差 $TF_{i-j}$ 和自由时差 $FF_{i-j}$

工作的总时差是指在不影响总工期的前提下，本工作可以利用的最大机动时间。

工作的自由时差是指在不影响其紧后工作最早开始时间的前提下，本工作可以利用的机动时间。

#### 5.2.3.2 网络计划时间参数的计算

为了简化计算，网络计划时间参数中的开始时间和完成时间都是以时间单位的终了时刻为标准。如第 5d 开始即是指第 5d 终了（下班）时刻开始，实际上是第 6d 上班时刻才开始；第 5d 完成即是指第 5d 终了（下班）时刻完成。

下面以图 5-39 所示双代号网络图为例，说明按工作计算法计算时间参数的过程。

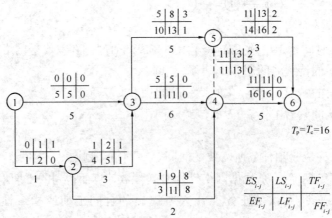

图 5-39 网络图时间参数的计算

1. 计算各工作的最早开始时间 $ES_{i-j}$

工作的最早开始时间的计算应从网络计划的起始节点开始，顺着箭线方向依次进行。

(1) 以网络计划起始节点为开始节点的工作，当未规定其最早开始时间时，假定其最早开始时间为零。

$$即\ ES_{1-j} = 0 \tag{5-13}$$

如本例中，$ES_{1-2} = ES_{1-3} = 0$。

(2) 其他工作的最早开始时间 $ES_{i-j}$

1) 当紧前工作只有一个时，应为其紧前工作的最早完成时间，即：

$$ES_{i-j} = ES_{h-i} + D_{h-i} \tag{5-14}$$

2) 当紧前工作不只有一个时，应为其紧前工作的最早完成时间的最大值，即：

$$ES_{i-j} = \max\{EF_{h-i}\} = \max\{ES_{h-i} + D_{h-i}\} \tag{5-15}$$

如图 5-27 所示的网络计划中，各工作的最早开始时间计算如下：

$$ES_{2-3} = ES_{1-2} + D_{1-2} = 0 + 1 = 1$$

$$ES_{2-4} = ES_{2-3} = 1$$

$$ES_{3-4} = \max\begin{Bmatrix} ES_{1-3} + D_{1-3} = 0 + 5 = 5 \\ ES_{2-3} + D_{2-3} = 1 + 3 = 4 \end{Bmatrix} = 5$$

$$ES_{3-5} = ES_{3-4} = 5$$

$$ES_{4-5} = \max\begin{Bmatrix} ES_{2-4} + D_{2-4} = 1 + 2 = 3 \\ ES_{3-4} + D_{3-4} = 5 + 6 = 11 \end{Bmatrix} = 11$$

$$ES_{4-6} = ES_{4-5} = 11$$

$$ES_{5-6} = \max\begin{Bmatrix} ES_{3-5} + D_{3-5} = 5 + 5 = 10 \\ ES_{4-5} + D_{4-5} = 11 + 0 = 11 \end{Bmatrix} = 11$$

2. 计算各工作的最早完成时间 $EF_{i-j}$

$$EF_{i-j} = ES_{i-j} + D_{i-j} \tag{5-16}$$

$$EF_{1-2} = ES_{1-2} + D_{1-2} = 0 + 1 = 1$$

$$EF_{1-3} = ES_{1-3} + D_{1-3} = 0 + 5 = 5$$

$$EF_{2-3} = ES_{2-3} + D_{2-3} = 1 + 3 = 4$$

$$EF_{2-4} = ES_{2-4} + D_{2-4} = 1 + 2 = 3$$

$$EF_{3-4} = ES_{3-4} + D_{3-4} = 5 + 6 = 11$$

$$EF_{3-5} = ES_{3-5} + D_{3-5} = 5 + 5 = 10$$

$$EF_{4-5} = ES_{4-5} + D_{4-5} = 11 + 0 = 11$$

$$EF_{4-6} = ES_{4-6} + D_{4-6} = 11 + 5 = 16$$

$$EF_{5-6} = ES_{5-6} + D_{5-6} = 11 + 3 = 14$$

3. 网络计划的计划工期 $T_p$

网络计划的计算工期 $T_c$ 应等于以网络计划终点节点为完成节点的工作的最早完成时间的最大值，即：

$$T_c = \max\{EF_{i-n}\}\ (T_c\ 为计算工期) \tag{5-17}$$

本例中，则计算工期 $T_c$ 为：
$$T_c = \max \begin{Bmatrix} EF_{4-6} = 16 \\ ES_{5-6} = 14 \end{Bmatrix} = 16$$

本例中未规定要求工期，则 $T_p = T_c = 16$

4. 计算各工作的最迟完成时间 $LF_{i-j}$

工作的最迟完成时间的计算：应从网络计划终点节点开始，逆着箭线的方向依次进行。

（1）以网络计划终点节点 $n$ 为结束节点的工作，其最迟完成时间为网络计划的计划工期，即

$$LF_{i-n} = T_p \tag{5-18}$$

（2）其他工作的最迟完成时间 $LF_{i-j}$：

1）当工作只有一项紧后工作时，该工作的最迟完成时间应为其紧后工作的最迟开始时间，即

$$LF_{i-j} = LS_{j-k} = LF_{j-k} - D_{j-k} \tag{5-19}$$

2）当工作不止一项紧后工作时，该工作的最迟完成时间应为其紧后工作的最迟开始时间的最小值，即：

$$LF_{i-j} = \min\{LF_{j-k} - D_{j-k}\} \tag{5-20}$$

$LF_{4-6} = T_p = 16$

$LF_{5-6} = LF_{4-6} = 16$

$LF_{3-5} = LF_{5-6} - D_{5-6} = 16 - 3 = 13$

$LF_{4-5} = LF_{3-5} = 13$

$LF_{4-5} = LF_{3-5} = 13$

$LF_{2-4} = \min \begin{Bmatrix} LF_{4-5} - D_{4-5} = 13 - 0 = 13 \\ LF_{4-6} - D_{4-6} = 16 - 5 = 11 \end{Bmatrix} = 11$

$LF_{3-4} = LF_{2-4} = 11$

$LF_{1-3} = \min \begin{Bmatrix} LF_{3-4} - D_{3-4} = 11 - 6 = 5 \\ LF_{3-5} - D_{3-5} = 13 - 5 = 8 \end{Bmatrix} = 5$

$LF_{2-3} = LF_{1-3} = 5$

$LF_{1-2} = \min \begin{Bmatrix} LF_{2-3} - D_{2-3} = 5 - 3 = 2 \\ LF_{2-4} - D_{2-4} = 11 - 2 = 9 \end{Bmatrix} = 2$

5. 计算各工作的工作最迟开始时间 $LS_{i-j}$

$$LS_{i-j} = LF_{i-j} - D_{i-j} \tag{5-21}$$

$LS_{4-6} = LF_{4-6} - D_{4-6} = 16 - 5 = 11$

$LS_{5-6} = LF_{5-6} - D_{5-6} = 16 - 3 = 13$

$LS_{3-5} = LF_{3-5} - D_{3-5} = 13 - 5 = 8$

$LS_{4-5} = LF_{4-5} - D_{4-5} = 13 - 0 = 13$

$LS_{2-4} = LF_{2-4} - D_{2-4} = 11 - 2 = 9$

$LS_{3-4} = LF_{3-4} - D_{3-4} = 11 - 6 = 5$

$LS_{1-3} = LF_{1-3} - D_{1-3} = 5 - 5 = 0$

$LS_{2-3} = LF_{2-3} - D_{1-3} = 5 - 3 = 2$

$LS_{1-2} = LF_{1-2} - D_{1-2} = 2 - 1 = 1$

6. 计算各工作的总时差 $TF_{i-j}$（简称总时差）

工作的总时差是指在不影响总工期的前提下，本工作可以利用的最大机动时间。工作的总时差等于本工作的最迟开始时间减本工作的最早开始时间。即：

$$TF_{i-j} = LS_{i-j} - ES_{i-j} \qquad (5-22)$$

或
$$TF_{i-j} = LF_{i-j} - EF_{i-j} \qquad (5-23)$$

如图 5-39 所示的网络图中，各工作的总时差计算如下：

$$TF_{1-2} = LS_{1-2} - ES_{1-2} = 1 - 0 = 1$$
$$TF_{1-3} = LS_{1-3} - ES_{1-3} = 0 - 0 = 0$$
$$TF_{2-3} = LS_{2-3} - ES_{2-3} = 2 - 1 = 1$$
$$TF_{2-4} = LS_{2-4} - ES_{2-4} = 9 - 1 = 8$$
$$TF_{3-4} = LS_{3-4} - ES_{3-4} = 5 - 5 = 0$$
$$TF_{3-5} = LS_{3-5} - ES_{3-5} = 8 - 5 = 3$$
$$TF_{4-5} = LS_{4-5} - ES_{4-5} = 13 - 11 = 2$$
$$TF_{4-6} = LS_{4-6} - ES_{4-6} = 11 - 11 = 0$$
$$TF_{5-6} = LS_{5-6} - ES_{5-6} = 13 - 11 = 2$$

7. 计算各工作的自由时差 $FF_{i-j}$

工作的自由时差是指在不影响其紧后工作最早开始时间的前提下，本工作可以利用的机动时间。其计算如下：

(1) 当本工作有紧后工作时，该工作的自由时差等于紧后工作的最早开始时间减本工作最早完成时间，即：

$$FF_{i-j} = ES_{j-k} - EF_{i-j} \qquad (5-24)$$

或
$$FF_{i-j} = ES_{j-k} - ES_{i-j} - D_{i-j} \qquad (5-25)$$

(2) 当本工作无紧后工作时：（以终点节点为结束节点的工作），其自由时差应按网络计划的计划工期 $T_p$ 确定，即：

$$FF_{i-n} = T_p - EF_{i-n} \qquad (5-26)$$

或
$$FF_{i-n} = T_p - ES_{i-n} - D_{i-n} \qquad (5-27)$$

如图 5-39 所示的网络图中，各工作的自由时差计算如下：

$$FF_{1-2} = ES_{2-3} - ES_{1-2} - D_{1-2} = 1 - 0 - 1 = 0$$
$$FF_{1-3} = ES_{3-4} - ES_{1-3} - D_{1-3} = 5 - 0 - 5 = 0$$
$$FF_{2-3} = ES_{3-4} - ES_{2-3} - D_{2-3} = 5 - 1 - 3 = 1$$
$$FF_{2-4} = ES_{4-5} - ES_{2-4} - D_{2-4} = 11 - 1 - 2 = 8$$
$$FF_{3-4} = ES_{4-5} - ES_{3-4} - D_{3-4} = 11 - 5 - 6 = 0$$
$$FF_{3-5} = ES_{5-6} - ES_{3-5} - D_{3-5} = 11 - 5 - 5 = 1$$
$$FF_{4-5} = ES_{5-6} - ES_{4-5} - D_{4-5} = 11 - 11 - 0 = 0$$
$$FF_{4-6} = T_p - ES_{4-6} - D_{4-6} = 16 - 11 - 5 = 0$$
$$FF_{5-6} = T_p - ES_{5-6} - D_{5-6} = 16 - 11 - 3 = 2$$

### 5.2.3.3 关键线路的确定

关键工作：总时差最小的工作。当 $T_p = T_c$ 时，总时差等于零的工作为关键工作。

关键线路的判断方法：自始至终全部由关键工作组成的线路，或线路上总的工作持续时间最长的线路。

**5.2.3.4 时差的意义**

(1) 可以使非关键工作在时差允许范围内放慢施工进度，将部分人、财、物转移到关键工作上去，以加快关键工作的进程。

(2) 在时差允许范围内改变工作开始和结束时间，以达到均衡施工的目的。

**5.2.3.5 总时差 $TF_{i-j}$ 与自由时差 $FF_{i-j}$ 有如下特征**

(1) 总时差的使用具有双重性，它既可以被该工作使用，但又属于某非关键线路所共有。例如图 5-39 中，非关键线路 1—3—5—6 中，$TF_{3-5}=3d$，$TF_{5-6}=2d$，如果工作 3—5 使用了 3d 机动时间，则工作 5—6 就没有总时差可利用；反之若工作 3—5 使用了 2d 机动时间，则工作 5—6 就只有 1d 时差可利用了。

(2) 自由时差为某非关键工作独立使用的机动时间，利用自由时差，不会影响其紧后工作的最早开始时间。例如图 5-39 中，工作 3—5 有 1d 自由时差，如果使用了 1d 机动时间，也不影响紧后工作 5—6 的最早开始时间。

### 5.2.4 双代号时标网络计划

**5.2.4.1 双代号时标网络计划的概念**

时标网络计划又称日历网络图，它是综合应用横道图的时间坐标和网络计划的原理，是在横道图基础上引用网络计划中各工作之间逻辑关系的表达方法。如图 5-40 所示的双代号网络计划，若改画为双代号时标网络计划，如图 5-41 所示。采用时标网络计划，既解决了横道计划中各项工作不明确，又解决了双代号网络计划时间不直观，不能明确看出各工作开始和完成的时间等问题。

时标网络计划是以时间坐标为尺度绘制的网络计划。时标的时间单位应根据需要在编制网络计划之前确定好，一般可为天、周、月或季等。

时标网络计划具有以下特点：

(1) 时标网络计划中工作箭线的长度与工作持续时间长度一致。

(2) 时标网络计划可以直接显示各项工作的开始和完成时间、自由时差和关键线路。

(3) 可以直接在时标网络图的下方统计劳动力等资源需要量，便于绘制资源消耗动态曲线，便于分析，平衡调度。

(4) 由于箭线的长度和位置受时间坐标的限制，因而调整和修改不大方便。

**5.2.4.2 时标网络计划的绘制方法**

时标网络计划一般按工作的最早开始时间绘制。其绘制方法有间接绘制法和直接绘制法两种。

1. 间接绘制法

间接绘制法是先计算网络计划的时间参数，再根据时间参数在时间坐标上进行绘制的方法。

由于在计算过程中，不一定需要全部时间参数值，只需计算网络计划各工作的最早开始时间、计算工期和寻求关键线路，故在这里介绍一种关键线路的直接寻求法。

关键线路的直接寻求法是图上标号法，即从网络计划起点节点开始，自左向右对每个节点用源节点和标号值进行标号，记入节点附近的括号内；从网络计划终点节点开始，自右向左按源节点寻求出关键线路；网络计划终点节点的标号值即为网络计划的计算工期。标号值就是以该节点为开始节点的工作的最早开始时间。

标号值的确定方法是：设网络计划起点节点①的标号值为零，即 $b_1=0$；中间节点 $j$ 的标号值 $b_j$ 等于该节点的内向工作（即指向该节点的工作）的开始节点 $i$ 的标号值 $b_i$ 与该工作的持续时间 $D_{i-j}$ 之和的最大值，即：

$$b_j = \max\{b_i + D_{i-j}\} \tag{5-28}$$

求得最大值的节点 $i$ 即为节点 $j$ 的源节点，由源节点即可确定关键线路。

例如图 5-40 中各节点的标号值计算如下：

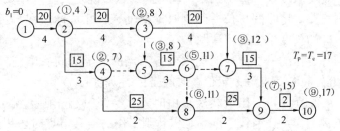

图 5-40 某工程施工网络计划

$$b_1 = 0$$
$$b_2 = b_1 + D_{1-2} = 0 + 4 = 4$$
$$b_3 = b_2 + D_{2-3} = 4 + 4 = 8$$
$$b_4 = b_2 + D_{2-4} = 4 + 3 = 7$$
$$b_5 = \max\begin{Bmatrix} b_3 + D_{3-5} = 8 + 0 = 8 \\ b_4 + D_{4-5} = 7 + 0 = 7 \end{Bmatrix} = 8$$
$$b_6 = b_5 + D_{5-6} = 8 + 3 = 11$$
$$b_7 = \max\begin{Bmatrix} b_3 + D_{3-7} = 8 + 4 = 12 \\ b_6 + D_{6-7} = 11 + 0 = 11 \end{Bmatrix} = 12$$
$$b_8 = \max\begin{Bmatrix} b_6 + D_{6-8} = 11 + 0 = 11 \\ b_4 + D_{4-8} = 7 + 2 = 9 \end{Bmatrix} = 11$$
$$b_9 = \max\begin{Bmatrix} b_7 + D_{7-9} = 12 + 3 = 15 \\ b_8 + D_{8-9} = 11 + 2 = 13 \end{Bmatrix} = 15$$
$$b_{10} = b_9 + D_{9-10} = 15 + 2 = 17$$
$$T_p = T_c = 17$$

间接绘制法其按最早时间绘制的方法和步骤如下（图 5-41）：

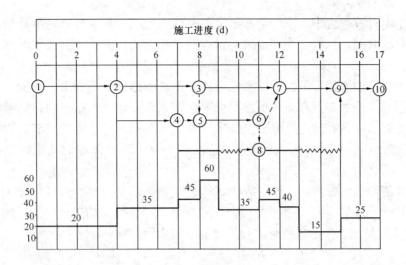

图 5-41 按最早时间绘制的时标网络图

(1) 先绘制一般双代号网络图，计算时间参数，确定关键工作及关键线路。

(2) 根据需要确定时间单位并绘制时标横轴。时标可标注在日历网络图的顶部或底部，时标的长度单位必须注明。

(3) 根据各工作的最早开始时间（或各节点的最早时间）确定各节点的位置（从起点节点开始将各节点逐个定位在时间坐标的纵轴上）。

(4) 依次在各节点间绘出箭线及自由时差。绘制时宜先画关键工作、关键线路，再画非关键工作。如箭线长度不足以达到工作的结束节点时，用波形线补足，箭头画在波形线与节点连接处。

(5) 用虚箭线连接各有关节点，将有关的工作连接起来。

绘图技巧：箭线最好画成水平线或由水平线和竖直线组成的折线箭线，以直接表示其持续时间。如箭线画成斜线，则以其水平投影长度为其持续时间。如箭线长度不够与该工作的结束节点直接相连，则用波形线从箭线端部画至该工作结束节点处。波形线的水平投影长度即为该工作的自由时差。

2. 直接绘制法

直接绘制法是不计算时标网络计划的时间参数，直接按草图在时间坐标上进行绘制的方法。其绘制步骤和方法如下：

(1) 将起点节点定位在时标表的起始刻度线上。

(2) 按工作持续时间在时标计划表上绘制起点节点的外向箭线。

(3) 其他工作的开始节点必须在其所有紧前工作都绘出以后，定位在这些紧前工作最早完成时间最大值的时间刻度上，某些工作的箭线长度不足以到达该节点时，用波形线补足，箭头画在波形线与节点连接处。

(4) 用上述方法从左至右依次确定其他节点位置，直至网络计划终点节点定位，绘图完成。

**5.2.4.3 双代号时标网络计划关键线路及时间参数的确定**

1. 关键线路的判定

时标网络计划的关键线路可自终点节点逆箭线方向朝起点节点逐次进行判定，自终节点至起点节点都不出现波形线的线路即为关键线路。

2. 工期的确定

时标网络计划的计算工期，应是其终点节点与起始节点所在位置的时标值之差。

3. 工作最早时间参数的判定

按最早时间绘制的时标网络计划，每条箭线的箭尾和箭头（或实箭线的端部）所对应的时标值即为该工作的最早开始时间和最早完成时间。

4. 时差的判定与计算

自由时差：时标网络图中，波形线的水平投影长度即为该工作的自由时差。

工作总时差：工作总时差不能从图上直接判定，需要分析计算。计算应逆着箭头的方向自右向左进行。计算公式为：

$$TF_{i-j} = \min\{TF_{j-k}\} + FF_{i-j} \tag{5-29}$$

### 5.2.5 网络计划应用实例

编制单位工程网络计划时，首先要熟悉图纸，对工程对象进行分析，摸清建设要求和现场施工条件，选择施工方案，确定合理的施工顺序和主要施工方法，根据各施工过程之间的逻辑关系，绘制网络图。在绘制网络图时应注意网络图的详略组合，应以"局部详细，整体粗略"的方式，突出重点或采用某一阶段详细、其他相同阶段粗略的方法来简化网络计划。其次，分析各施工过程在网络图中的地位，通过计算时间参数，确定关键施工过程、关键线路和各施工过程的机动时间。最后，统筹考虑，调整计划，制定出最优的计划方案（见第三篇工程实例）。

### 5.2.6 单代号网络计划简介

单代号网络图又称节点网络图。用一个节点表示一项工作（或一个施工过程），工作名称、代号、工作时间都标注在节点内，用实箭线表示工作之间的逻辑关系的网络图，如图 5-42 所示。用这种表示方法，把一项计划的所有施工过程按其逻辑关系从左至右绘制而成的网状图形，叫做单代号网络图，如图 5-43 所示。用单代号网络图表示的计划称为单代号网络计划。

单代号网络图也由箭线、节点和线路三个基本要素构成。

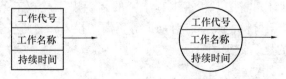

图 5-42 单代号网络图中节点的表示方法

#### 5.2.6.1 节点

在单代号网络图中，节点表示一个施工过程（或一项工作），其范围、内容与双代号网络图的箭线基本相同。节点宜用圆圈或矩形表示，其绘制格式如图5-42所示。当有两个以上施工过程同时开始或同时结束时，一般要虚拟一个"开始节点"或"结束节点"，以完善逻辑关系。节点编号同双代号网络图。

#### 5.2.6.2 箭线

单代号网络图中的每条箭线均表示相邻工作之间的逻辑关系；箭头所指方向为工作的前进方向；在单代号网络图中，箭线均为实箭线，没有虚箭线。箭线应保持自左向右的总方向。宜画成水平直线或斜箭线。

#### 5.2.6.3 线路

从起点节点到终点节点，沿着箭线方向顺序通过一系列箭线与节点的通路，称为线路，单代号网络图中也有关键线路和关键施工过程，非关键线路及非关键施工过程和时差等。

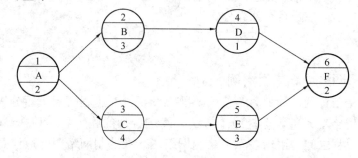

图 5-43 单代号网络图

# 过程 5.3 编制施工进度计划

### 5.3.1 施工进度计划的编制依据和程序

施工进度计划是施工部署在时间上的体现，要贯彻空间占满、时间连续、均衡协调、留有余地的原则，组织好土建与专业工程的插入、展开、转换，处理好施工机械进退场、设备进场与各专业工序的关系。

#### 5.3.1.1 施工进度计划的编制依据

编制施工进度计划需依据建筑工程施工的客观规律及施工条件，参考工期定额，综合考虑资金、材料、设备、劳动力等资源的投入，合理安排。

1. 经过会审的建筑施工图纸；
2. 施工总进度计划；
3. 主要材料设备的供应能力；
4. 工程主要的施工方案与施工方法、技术组织措施；
5. 施工现场条件、气候条件、环境条件；
6. 工程的预算文件；

7. 工期定额，劳动定额及机械台班定额；

8. 已建成的同类工程实际进度及经济指标等。

#### 5.3.1.2 施工进度计划的编制程序

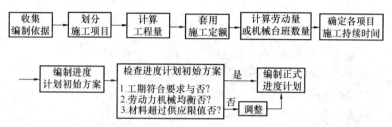

### 5.3.2 编制施工进度计划的步骤

#### 5.3.2.1 划分施工项目

编制施工进度计划时，首先应按照图纸和施工顺序，将拟建单位工程的各个施工过程列出，并结合施工方法、施工条件和劳动组织等因素，加以适当调整后确定。

#### 5.3.2.2 计算工程量

工程量应根据施工图纸、有关计算规则及相应的施工方法进行计算，如已编制了预算文件，则可从预算工程量的相应项目内抄出并汇总。计算时应注意以下几个问题：

（1）工程量的计量单位。计算时应使每个项目的工程量单位与采用的施工定额一致，以便计算劳动量及材料需要量时，可以直接套用，不再进行换算。

（2）所采用的施工方法。计算工程量时，应结合选定的施工方法和安全技术要求，使计算所得工程量与施工实际情况相符合。

（3）结合施工组织的要求。组织流水施工时的项目应按施工层、施工段划分，列出分层、分段的工程量。如每层、每段的工程量相等或出入不大时，可计算一层、一段的工程量，再分别乘层数、段数，可得每层、每段的工程量。

#### 5.3.2.3 确定劳动量和机械台班数量

根据施工项目的工程量、施工方法和实际采用的定额，计算出各分部分项工程的劳动量。用人工操作时，计算需要的工日数；用机械作业时，计算需要的台班数量，一般可按公式（5-3）计算，即：

$$P_i = \frac{Q_i}{S_i} = Q_i H_i$$

对于其他工程项目所需要的劳动量，可根据其内容和数量，并结合施工现场的具体情况，以占总劳动量的百分比计算，一般取 10%～20%。

水暖电卫等建筑设备及生产设备安装项目不计算劳动量。这些项目由专业工程队组织施工，在编制一般土建单位工程施工进度计划时，不考虑其具体进度，仅表示出与一般土建工程进度相配合的关系。

#### 5.3.2.4 确定各项目的施工持续时间

各项目施工持续时间的确定同流水节拍的计算。但对于采用新工艺、新方法、

新材料的施工过程往往采用"三时估计法",其计算公式为:

$$T_i = \frac{A + 4C + B}{6} \tag{5-30}$$

式中　$T_i$——施工项目的持续时间;
　　　$A$——施工项目的最长施工持续时间;
　　　$B$——施工项目的最短施工持续时间;
　　　$C$——施工项目的最可能施工持续时间。

**5.3.2.5　编制施工进度计划的初始方案**

上述各项内容确定之后,开始编制施工进度,即表格右边部分。编制进度时,首先把单位工程分为几个分部工程,安排出每个分部工程的施工进度计划,再将各分部工程的进度计划进行合理搭接,最后汇总成整个单位工程进度计划的初步方案。

施工进度计划可采用横道图或网络图的形式。采用网络计划时,最好先排横道图,分清各过程在组织和工艺上的关系,然后再根据网络图的绘图原则、步骤、要求进行绘制。

**5.3.2.6　检查与调整施工进度计划**

施工进度计划初步方案编制后,还要进行全面的检查,对不合理的工期、施工顺序、劳动力使用情况等进行调整,直到满足要求,形成最终的施工进度计划。

1. 施工顺序的检查和调整

施工顺序应符合建筑施工的客观规律,要从技术上、工艺上、组织上检查各施工顺序是否正确,流水施工的组织方法应用是否正确,平行搭接施工及施工中的技术间歇是否合理。

2. 施工工期的检查和调整

计划工期应满足施工合同的要求,应具有较好的经济效益,一般评价指标有两种:提前工期与节约工期。

提前工期是指计划工期比上级要求或合同规定工期提前的天数。节约工期是指计划工期比定额工期少用的天数。当进度计划既没有提前工期又没有节约工期时,应进行必要的调整。

3. 资源消耗均衡性的检查与调整

施工进度计划的劳动力、材料、机械等供应与使用,应避免过分集中,尽量做到均衡。在此主要讨论劳动力消耗的均衡问题。

劳动力消耗是否均衡,可通过劳动力动态曲线图来反映。

图 5-44 为劳动力动态曲线图,竖向坐标表示人数,横向坐标表示施工进度(天数)

(a) 中出现短时期高峰,人数在短时期剧增,为工人服务的各项临时设施要增加,劳动力不均衡;

(b) 中出现长时期低陷,发生窝工现象,如果工人不调出,则临时设施不能充分利用,劳动力不均衡;

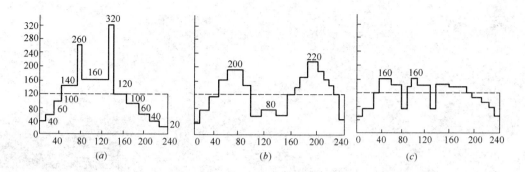

图 5-44 劳动力动态曲线图

(c) 中出现短时期低陷,甚至是很大的低陷,这是允许的,这种情况不会发生显著的影响,只要把少数工人的工作量重新安排一下,窝工的现象就可以消除。

劳动力消耗的均衡性可用劳动力消耗不均衡系数 $K$ 来表示,其公式如下:

$$K = \frac{R_{\max}}{R_{\mathrm{m}}} \tag{5-31}$$

式中 $R_{\max}$——施工期间的高峰人数;

$R_{\mathrm{m}}$——施工期间的平均人数。

$K$ 值最理想为 1,在 2 以内为好,超过 2 则不正常,需要调整。

施工进度计划的每个步骤都是相互依赖、相互联系、同时进行的。由于建筑施工是复杂的生产过程,受客观条件影响的因素很多,如气候,物资与材料的供应、资金等,施工实际进度经常会不符合原计划的要求,所以施工进度计划并不是一成不变的,在施工中,应随时掌握施工动态,经常检查,不断调整。

# 任务 6

# 编制施工准备与各项资源的配置计划

【任务目标】
1. 会编制施工准备工作计划
2. 会依据施工进度计划编制材料、劳动力、机械等资源的配置计划

在单位工程施工进度计划确定之后,即可编制施工准备工作计划和各项资源的配置计划。这些计划是施工组织设计的重要组成部分,是施工单位安排施工准备工作及资源供应的主要依据。

## 过程 6.1 编制施工准备工作计划

施工准备工作是工程的开工条件,也是施工中的一项重要内容。主要反映开工前和施工过程中必须要做的有关准备工作。其主要内容包括:技术准备、现场准备、资金准备及其他准备工作。

(1) 技术准备包括施工所需技术资料的准备、施工方案编制计划、试验检验及设备调试工作计划、样板制作计划等。

(2) 现场准备应根据现场施工条件和工程实际需要,准备现场生产、生活等临时设施。

(3) 资金准备应根据施工进度计划编制资金使用计划。

施工准备工作常见表格形式见表 6-1 所示。

施工准备工作计划 表 6-1

| 序号 | 准备工作项目 | 工程量 | | 简要内容 | 负责单位或负责人 | 起止日期 | | 备注 |
|---|---|---|---|---|---|---|---|---|
| | | 单位 | 数量 | | | 日/月 | 日/月 | |
| | | | | | | | | |

## 过程 6.2 资源配置计划

根据施工进度计划编制各种资源配置计划,主要用于确定施工现场的临时设施,并按计划供应材料、构件、调配劳动力和施工机械,以保证施工的顺利进行。

### 6.2.1 劳动力配置计划

反映工程施工所需的各工种的人数,是控制施工现场的劳动力平衡与调配的主要依据,也是安排现场临时生活福利设施的依据。劳动力配置计划应包括下列内容:

(1) 确定各施工阶段用工量;
(2) 根据施工进度计划确定各施工阶段劳动力配置计划。

其常用表格形式见表 6-2 所示。

劳动力配置计划 表 6-2

| 序号 | 工种名称 | 需要量(人数) | | | | | | | | | | | | | | 备注 |
|---|---|---|---|---|---|---|---|---|---|---|---|---|---|---|---|---|
| | | 年 度 | | | | | | | 年 度 | | | | | | | |
| | | 1 | 2 | 3 | 4 | 5 | 6 | … | 1 | 2 | 3 | 4 | 5 | 6 | 7 | … | |
| | | | | | | | | | | | | | | | | |

### 6.2.2 原材料配置计划

主要指工程用水泥、钢筋、砂、石子、砖、石灰、防水材料等主要材料配置计划,是施工备料、供料、确定仓库和材料堆场的面积及做好运输组织的依据。编制时应提出材料的名称、规格、数量、使用时间等要求,其常用表格形式见表 6-3 所示。

原材料配置计划 表 6-3

| 序号 | 材料名称 | 规格 | 需要量 | | 需要时间 | | | | | | | | | 备注 |
|---|---|---|---|---|---|---|---|---|---|---|---|---|---|---|
| | | | 单位 | 数量 | ×月 | | | ×月 | | | ×月 | | | |
| | | | | | 1 | 2 | 3 | 1 | 2 | 3 | 1 | 2 | 3 | |
| | | | | | | | | | | | | | | |
| | | | | | | | | | | | | | | |

### 6.2.3 成品、半成品配置计划

主要指混凝土预制构件、钢结构、门窗构件等成品、半成品配置计划，用于落实加工订货单位，并按照所需规格、数量、时间、组织加工、运输和确定仓库或材料堆场。其常用表格形式见表6-4所示。

成品和半成品构件配置计划　　　　　　　表6-4

| 序号 | 成品、半成品名称 | 规格 | 需要量 | | 需要时间 | | | | | | | | 备注 |
|---|---|---|---|---|---|---|---|---|---|---|---|---|---|
| | | | 单位 | 数量 | ×月 | | | ×月 | | | ×月 | | |
| | | | | | 1 | 2 | 3 | 1 | 2 | 3 | 1 | 2 | 3 | |
| | | | | | | | | | | | | | | |

### 6.2.4 施工工具配置计划

主要指模板、脚手架用钢管、扣件、脚手板等辅助施工用工具配置计划。其常用表格形式见表6-5所示。

施工工具配置计划　　　　　　　表6-5

| 序号 | 施工工具名称 | 需要量 | 进场日期 | 出厂日期 | 备注 |
|---|---|---|---|---|---|
| | | | | | |
| | | | | | |

### 6.2.5 施工机械、设备配置计划

主要指施工用大型机械设备、中小型施工工具等配制计划。用于确定施工机械的名称、类型、型号、数量、使用时间，可作为落实机械来源，组织进场的依据，其常用表格形式见表6-6所示。

施工机械、设备配置计划　　　　　　　表6-6

| 序号 | 施工机具名称 | 型号 | 规格 | 电功率(kVA) | 需要量（台） | 使用时间 | 备注 |
|---|---|---|---|---|---|---|---|
| | | | | | | | |
| | | | | | | | |
| | | | | | | | |

# 任务 7
# 绘制施工现场平面布置图

【任务目标】
1. 知道单位工程施工现场平面布置的内容
2. 会进行单位工程施工现场平面布置

单位工程施工组织设计在施工方案和施工进度确定的前提下,对施工用到的施工机械、材料构件堆场、临时设施、水电管线等如何布置,数量多少,占地多少,这类问题在施工之前是必须要解决的,此类问题的解决,即需进行施工现场平面布置。

施工现场平面布置就是根据拟建工程的规模、施工方案、施工进度计划和施工生产的需要,结合现场条件,按照一定的布置原则,对施工机械、材料构件堆场、临时设施、水电管线等,进行平面的规划和布置。将布置方案绘制成图,即施工现场平面布置图。

## 过程 7.1 单位工程施工现场平面布置

### 7.1.1 单位工程施工现场平面布置图的内容

施工现场平面布置图应包括下列内容:
(1) 工程施工场地状况;
(2) 拟建建(构)筑物的位置、轮廓尺寸、层数等;
(3) 工程施工现场的加工设施(搅拌站、加工棚等)、存贮设施(仓库、材料、构配件堆场等）、办公和生活用房等的位置和面积；

（4）布置在工程施工现场的垂直运输设施、供电设施、供水供热设施、排水排污设施和临时施工道路等；

（5）施工现场必备的安全、消防、保卫和环境保护等设施；

（6）相邻的地上、地下既有建（构）筑物及相关环境。

### 7.1.2 单位工程施工现场平面布置依据

施工现场平面布置依据：施工图纸，现场地形图，水源，电源热源等情况，施工现场情况，可利用的房屋及设施情况，施工组织总设计（如施工总平面图等），本单位工程的施工方案与施工方法、施工进度计划及各种资源配置计划等。

### 7.1.3 单位工程施工现场平面布置原则

单位工程施工现场平面布置应符合下列原则：

（1）平面布置科学合理，施工场地占用面积少；

（2）合理组织运输，减少二次搬运；

（3）充分利用既有建（构）筑物和既有设施为项目施工服务，降低临时设施的建造费用；

（4）临时设施应方便生产和生活，办公区、生活区和生产区宜分离设置；

（5）符合节能、环保、安全和消防等要求；

（6）遵守当地主管部门和建设单位关于施工现场安全文明施工的相关规定。

## 过程 7.2 绘制施工现场平面布置图的步骤

施工现场平面布置图的设计步骤一般是：确定垂直运输机械的位置→确定搅拌站、加工棚、仓库、材料及构件堆场的尺寸和位置→布置运输道路→布置临时设施→布置水电管线→布置安全消防设施→调整优化。

以上步骤在实际设计时，往往互相牵连，互相影响。因此需要反复调整。除研究在平面上布置是否合理外，还必须考虑它们的空间条件是否可能和合理，特别要注意安全问题。

### 7.2.1 垂直运输机械位置的确定

垂直运输机械位置，直接影响仓库、材料、构配件、道路、搅拌站、水电线路的布置，故应首先予以考虑。一般工业与民用建筑工程施工的垂直运输机械，主要有塔式起重机（简称塔吊）、龙门架或井架等。

#### 7.2.1.1 塔吊的布置

塔吊有行走式和固定式两种，行走式塔吊由于其稳定性差已经逐渐淘汰。这里只讲固定式塔吊。固定式塔吊的布置要求如下：

1. 塔吊的平面位置

塔吊的平面位置主要取决于建筑物的平面形状和四周场地条件，一般应在场地较宽的一面沿建筑物的长度方向布置，以便材料运输及充分发挥其效率。塔吊一般单侧布置（图7-1），有时还有双侧布置。

2. 塔吊的起重参数

塔吊一般有三个起重参数：起重量（$Q$）、起重高度（$H$）和回转半径（$R$），如图7-1（$b$）所示。有些塔吊还设起重力矩（起重量与回转半径的乘积）参数。

塔吊的平面位置确定后，应使其所有参数均满足吊装要求。塔吊高度取决于建筑高度及起重高度。单侧布置时，塔吊的回转半径应满足下式要求：

$$R \geqslant B + D \tag{7-1}$$

式中　$R$——塔吊的最大回转半径（m）；

　　　$B$——建筑物平面的最大宽度（m）；

　　　$D$——塔吊中心与外墙边线的距离（m）。

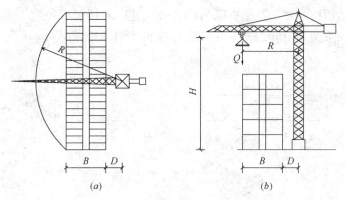

图7-1　塔吊的单侧布置示意图
（$a$）平面图；（$b$）立面图

塔吊中心与到外墙边线的距离$D$取决于凸出墙面的雨篷、阳台及脚手架的尺寸，还取决于塔吊的型号、性能及构件重量和位置，这与现场地形及施工用地范围大小有关。如公式（7-1）得不到满足，则应适当减少$D$的尺寸。如$D$已经是最小安全距离，则应采取其他技术措施，如采用双侧布置、结合井架布置等。

3. 塔吊的服务范围

建筑物处在塔吊回转半径范围内的部分，即为塔吊的服务范围，如图7-2所示。建筑物处在塔吊服务范围以外的阴影部分，称为"死角"，如图7-2所示。塔吊布置的最佳状态是使建筑物平面尽量处在塔吊的服务范围以内，尽量避免"死角"。如果做不到这一点，也应使"死角"越小越好，或使最重、最高、最大的构件不出现在"死角"。

如果"死角"无法避免，则其"死角"处材料的运输解决方法："死角"较小时，由塔吊吊装最远材料或构件，需将材料或构件作水平推移，但推移距离一般不得超过1m，并应有严格的技术安全措施。"死角"较大时，需采取其他辅助措施：如将材料或构件由塔吊吊装到楼面后，再在楼面上进行水平转运；或布置井架（或龙门架）。

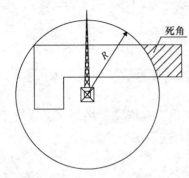

图 7-2 塔吊服务范围
及塔吊布置的"死角"

#### 7.2.1.2 龙门架（或井架）的布置

龙门架（或井架）的布置位置取决于：建筑物平面形状和大小、房屋的高低分界、施工段的划分及四周场地大小等因素（图7-3）。一般来说，当建筑物各部位的高度相同时，布置在施工段的分界线附近靠现场较宽的一面，以便在井架或龙门架附近堆放材料和构件，缩短运距；当建筑物各部分的高度不同时，布置在高低分界线附近，这样布置的优点是楼面上各施工段水平运输互不干扰。若有可能，井架、龙门架的位置，以布置在有窗口处为宜，这样

可以避免砌墙留槎和减少井架拆除后的修补工作。卷扬机的位置不能离井架或龙门架太近，一般应在10m以外，以便卷扬机操作工能方便地观察吊物的升降过程。

图 7-3 井架布置示意图

### 7.2.2 搅拌站、加工棚、仓库及材料堆场的布置

布置这些内容时，总的要求是：既要使它们尽量靠近使用地点或将它们布置在起重机服务范围内，又要便于运输、装卸。

#### 7.2.2.1 搅拌站的布置

单位工程是否需要设砂浆和混凝土搅拌机，以及搅拌机采用什么型号、规格、数量等，一般在选择施工方案与施工方法时确定。搅拌站的布置要求如下：

（1）搅拌站应有后台上料的场地，尤其混凝土搅拌机，要与砂石堆场、水泥库一起考虑布置，既要互相靠近，又要便于这些大宗材料的运输和装卸。

（2）搅拌站应尽可能布置在垂直运输机械附近，以减少混凝土及砂浆的水平运距。当采用塔吊方案时，混凝土搅拌机的位置应使吊斗能从其出料口直接卸料并挂钩起吊。

（3）搅拌站应设在施工道路近旁，使小车、翻斗车运输方便。

（4）搅拌站场地四周应设置排水沟，以有利于清洗机械和排除污水，避免造成现场积水。

（5）混凝土搅拌机所需面积约 20~25m²/台，砂浆搅拌机所需面积约 10~15m²/台，冬期施工还应考虑保温与供热设施等，相应增加其面积。

#### 7.2.2.2 加工棚的布置

木材和钢筋等加工棚的位置宜设置在建筑物四周稍远处,并有相应的材料及成品堆场。石灰及淋灰池的位置可根据情况布置在接近砂浆搅拌机附近并在下风向;沥青及熬制锅的位置要远离易燃品仓库或堆场,并布置在下风向。

现场作业棚面积参照表 7-1 进行确定。

现场作业棚所需面积参考指标  表 7-1

| 序号 | 名称 | 单位 | 面积（m²） | 备注 |
|---|---|---|---|---|
| 1 | 木工作业棚 | m²/人 | 2 | 占地为建筑面积的 2~3 倍 |
| 2 | 电锯房 | m² | 80 | 86~91cm 圆锯 1 台 |
| 3 | 电锯房 | m² | 40 | 小圆锯 1 台 |
| 4 | 钢筋作业棚 | m²/人 | 3 | 占地为建筑面积的 3~4 倍 |
| 5 | 搅拌棚 | m²/台 | 10~18 | |
| 6 | 卷扬机棚 | m²/台 | 6~12 | |
| 7 | 烘炉房 | m² | 30~40 | |
| 8 | 焊工房 | m² | 20~40 | |
| 9 | 电工房 | m² | 15 | |
| 10 | 油漆工房 | m² | 20 | |
| 11 | 机、钳工修理房 | m² | 20 | |
| 12 | 立式锅炉房 | m²/台 | 5~10 | |
| 13 | 发电机房 | m²/kW | 0.2~0.3 | |
| 14 | 水泵房 | m²/台 | 3~8 | |
| 15 | 空压机房（移动式） | m²/台 | 18~30 | |
| 16 | 空压机房（固定式） | m²/台 | 9~15 | |

【例 7-1】 某工程主体阶段施工,已知高峰期钢筋工为 24 人,试确定钢筋作业棚的面积 $S_1$？占地面积 $S_2$？钢筋堆场的面积 $S_3$？

【解】 查表 7-1 得：钢筋作业棚 3m²/人,占地为建筑面积的 3~4 倍。取 3 倍,则：钢筋作业棚的面积 $S_1=3\times 24=72m^2$

占地面积 $S_2=3\times 72=216m^2$

钢筋堆场的面积 $S_3=S_2-S_1=216-72=144m^2$。

#### 7.2.2.3 仓库及堆场的布置

仓库及堆场的面积应先通过计算,然后根据各个施工阶段的需要及材料使用的先后进行布置。

**1. 材料仓库或露天堆场的布置**

水泥仓库应选择地势较高、排水方便、靠近搅拌机的地方。各种易爆、易燃品仓库的布置应符合防火、防爆安全距离的要求。木材、钢筋及水电器材等仓库,应与加工棚结合布置,以便就近取材加工。

各种主要材料,应根据其用量的大小、使用时间的长短、供应与运输情况等研究确定。凡用量较大、使用时间较长、供应与运输比较方便者,在保证施工进度与连续施工的情况下,均应考虑分期分批进场,以减小堆场或仓库所需面积,达到降低损耗、节约施工费用的目的。

应考虑先用先堆,后用后堆,有时在同一地方,可以先后堆放不同的材料。

钢模板、脚手架等周转材料,应选择在装卸、取用、整理方便和靠近拟建工程的地方布置。

基础及底层用砖,可根据场地情况,沿拟建工程四周分堆布置。此时当基础尚未完成时,应根据基槽(坑)的深度、宽度及其坡度确定,材料堆放位置,使之与基槽(坑)边缘保持一定的安全距离,以防止塌方。

底层以上的用砖(或砌块)及其他需经起重机升送材料的堆场位置:当采用固定式垂直运输设备(如井架或龙门架)时,将其布置在垂直运输设备的附近,采用塔吊进行垂直运输时,可布置在其服务范围内。并将大宗的、重量大的和先期使用的材料,应尽可能靠近使用地点或起重机附近;少量的、轻的和后期使用的材料则可布置得稍远一些。

砂石应尽可能布置在搅拌机后台附近,石子的堆场应更靠近搅拌机一些,因为石子的重度比砂子的重度大。

2. 预制构件的布置

装配式单层厂房的各种构件应根据吊装方案及方法,先画出平面布置图,再依此进行布置。多层装配式房屋的构件应布置在起重机服务范围内(塔吊)或回转半径内(履带吊、汽车吊等),以便直接挂钩起吊,避免二次转运。

3. 材料仓库及堆场的面积计算

各种材料仓库及堆场所需面积,根据材料的储备量计算。

(1) 材料储备期的计算如下:

$$P = (Q/T) \cdot n \cdot k \qquad (7-2)$$

式中 $P$——材料储备量;
$Q$——计划期内需要的材料数量;
$T$——需要该项材料的时间(d);
$n$——储备天数(d),参见表7-2;
$k$——材料消耗量不均衡系数,$k=$日最大消耗量/日平均消耗量,参见表7-2。

(2) 仓库或堆场面积计算如下:

$$F = P/V \qquad (7-3)$$

式中 $F$——按材料储备期计算的仓库或堆场面积($m^2$);
$V$——每平方米面积上堆存放材料的数量,参见表7-2。

【例7-2】 某框架结构工程主体阶段施工,钢筋(直筋)用量为146t,施工持续时间63d,试确定钢筋仓库的面积$F$?

【解】 按材料的储备量计算。

(1) 材料储备期的计算:

根据 $P=(Q/T) \cdot n \cdot k$

式中：$Q=146$t，$T=63$d。

查表 7-2 得：$n=40 \sim 50$　取 $n=40$

$k=1.2 \sim 1.4$　取 $k=1.2$

$$P = (146/63) \times 40 \times 1.2 = 111.2\text{t}$$

（2）钢筋仓库面积 $F$ 的计算：

根据　　　　　　　$F=P/V$

查表 $V=1.8 \sim 2.4$ t/m²　取 $V=2.0$ t/m²

$$F=111.2/2.0=55.6\text{m}^2$$

**常用材料按储备期计算面积参数**　　表 7-2

| 材料名称 | 单位 | 每平方米储备量 $V$ | 储备天数 $n$ (d) | 堆置高度 $K$ (m) | 材料消耗量不均衡系数（季度）$k$ | 仓库类别 |
|---|---|---|---|---|---|---|
| 钢筋（直筋） | t | 1.8~2.4 | 40~50 | 1.2 | 1.2~1.4 | 露天 |
| 钢筋（盘圆） | t | 0.8~1.2 | 40~50 | 1.0 | 1.2~1.4 | 棚约占20% |
| 水泥 | t | 1.4 | 30~40 | 1.5 | 1.2~1.4 | 库 |
| 砂子 | m³ | 1.2 | 10~30 | 1.5 | 1.2~1.4 | 露天 |
| 卵石、碎石 | m³ | 1.2 | 10~30 | 1.5 | 1.2~1.4 | 露天 |
| 木材 | m³ | 0.8 | 40~50 | 2.0 | 1.2~1.4 | 露天 |
| 红砖 | 千块 | 0.5 | 10~30 | 1.5 | 1.4~1.8 | 露天 |
| 石灰（块状） | t | 1.0~1.5 | 20~30 | 1.5 | 1.2~1.4 | 棚 |
| 五金 | t | 1.0 | 20~30 | 2.2 | 1.2~1.5 | 库 |
| 油漆料 | 桶 | 50~100 | 20~30 | 1.5 | 1.2 | 库 |
| 电线电缆 | | 0.3 | 40~50 | 2.0 | 1.5 | 库 |
| 卷材 | 卷 | 15~24 | 20~30 | 2.0 | 1.3~1.5 | 库 |
| 沥青 | t | 0.8 | 20~30 | 1.2 | 1.5~1.7 | 露天 |
| 小型预制构件 | m³ | 0.3~0.4 | 10~20 | 0.9 | — | 露天 |
| 大型砌块 | m³ | 0.9 | 3~7 | 1.5 | 1.4~1.8 | 露天 |
| 模板 | m³ | 0.7 | 3~7 | — | — | 露天 |
| 脚手架 | m³ | 1.5~1.8 | 30~40 | 2.0 | — | 露天 |

### 7.2.3　运输道路的布置

运输道路的布置主要解决运输和消防两个问题。现场道路应尽可能利用永久性道路的路面或路基,以节约费用。现场道路布置时要保证行使畅通,使运输工具有回转的可能性。因此,运输线路最好绕建筑物布置成环形道路。道路宽度一般大于 3.5m,主干道路宽度不小于 6m,两侧一般应结合地形设排水沟,一般沟深和底宽不小于 0.4m。

### 7.2.4 临时设施的布置

单位工程的临时设施分生产性和生活性两类。生产性临时设施主要包括各种料具仓库、加工棚等,其布置要求前已述及;生活性临时设施主要包括行政、文化、生活、福利用房等。布置生活性临时设施时,应遵循使用方便、有利施工、合并搭建、保证安全的原则。

临时设施应尽可能采用活动式、装拆式结构,或就地取材设置。门卫、收发室等应设在现场出入口处;工地行政管理用房宜设在工地入口处;现场办公室应靠近施工地点;工人休息室应设在工作地点附近;工地食堂可布置在工地内部或外部;工人住房一般在场外集中设置。生活设施所需面积按表7-3确定。

行政生活福利临时建筑参考指标　　　　　　　　表 7-3

| 序号 | 临时房屋名称 | | 指标使用方法 | 参考指标 (m²/人) | 备 注 |
|---|---|---|---|---|---|
| 1 | 办公室 | | 按干部人数 | 3~4 | 1. 本表是根据在全国范围收集到的有代表性的企业、地区的资料综合 |
| 2 | 宿舍 | 单层通铺 | 按高峰年(季)平均职工人数(扣除不在工地住宿人数) | 2.5~3 | |
| | | 双层床 | | 2.0~2.5 | |
| | | 单层床 | | 3.5~4 | |
| 3 | 食堂 | | 按高峰年平均职工人数 | 0.5~0.8 | |
| 4 | 医务室 | | 按高峰年平均职工人数 | 0.05~0.07 | |
| 5 | 浴室 | | 按高峰年平均职工人数 | 0.07~0.1 | 2. 食堂包括厨房、库房,应考虑在工地就餐人数和几次进餐 |
| 6 | 俱乐部 | | 按高峰年平均职工人数 | 0.1 | |
| 7 | 开水房 | | | 10~40m² | |
| 8 | 厕所 | | 按高峰年平均职工人数 | 0.02~0.07 | |
| 9 | 工人休息室 | | 按高峰年平均职工人数 | 0.15 | |

### 7.2.5 临时供水供热、供电设施的布置

关于临时供水供热,应先计算用水量、供热量、管径等,然后进行布置。单位工程的临时供水管网,一般采用枝状布置方式。供水管可通过计算或查表选用,一般 5000~10000m² 的建筑物,其施工用水管直径为 50mm,支管直径为 15~25mm。单位工程供水管的布置,除应满足计算要求以外,还应将供水管分别

接至各用水点（如砖堆、石灰池、搅拌站等）附近，分别接出水龙头，以满足现场施工的用水需要。此外，在保证供水的前提下，应使管线越短越好，以节约施工费用。管线可暗铺，也可明铺。

在临时供电方面，也应先进行用电量、导线等计算，然后进行布置。单位工程的临时供电线路，一般也采用枝状布置。其要求如下：

(1) 尽量利用原有的高压电网及已有的变电器。

(2) 变压器应布置在现场边缘高压线接入处，离地应大于3m，四周设有高度大于1.7m的铁丝网防护栏，并设有明显的标志。不要把变压器布置在交通道口处。

(3) 线路应架设在道路一侧，距建筑物应大于1.5m，垂直距离应在2m以上，木杆间距一般为25～40m，分支线及引入线均应从杆上横担处连接。

(4) 线路应布置在起重机械的回转半径之外。否则必须搭设防护栏，其高度要超过线路2m，机械运转时还应采取相应的措施，以确保安全。现场机械较多时，可采用埋地电缆代替架空线，以减少互相干扰。

(5) 供电线路跨过材料、构件堆场时，应有足够的安全架空距离。

(6) 各种用电设备的闸刀开关应单机单闸，不允许一闸多机使用，闸刀开关的安装位置应便于操作。

(7) 配电箱等在室外时，应有防雨措施，严防漏电、短路及触电事故。

### 7.2.6 施工现场平面图的绘制

施工平面图的内容和数量一般根据工程特点、工期长短、场地情况等确定。一般中小型单位工程只绘制主体结构施工阶段的平面布置图即可；对于工期较长或场地受限制的大中型工程，则应分阶段绘制施工平面图。如高层建筑可由地基基础、主体结构、装修装饰和机电设备安装三个阶段分别绘制；又如单层厂房则可绘制地基基础、预制、吊装等阶段的施工平面图。施工平面图图例见表7-4。

单位工程施工平面图是施工的重要技术文件之一，是施工组织设计的重要组成部分，因此，要求精心设计，认真绘制。现将其绘制步骤简述如下：

#### 7.2.6.1 确定图幅大小和绘图比例

确定图幅大小和绘图比例应根据工地大小及布置的内容多少来确定。图幅一般采用2号或3号图纸，比例一般采用1：500～1：200，常用的是1：200。

#### 7.2.6.2 合理规划和设计图面

根据图幅大小，按比例尺寸将拟建建筑物的轮廓绘制在图中的适当位置，以此为中心，将施工方案选定的起重机械及配套设施，按布置原则和要求绘制其轮廓线。

#### 7.2.6.3 绘制工地需要的临时设施

按各种临时设施的要求和计算面积，逐一绘制到图面上去。

#### 7.2.6.4 形成施工平面图

在进行各项布置后，经分析比较、优化、调整修改，形成施工平面草图；然后再按规范规定线型、图例等对草图进行加工，标上指北针、图例、比例及必要的文字说明等。则成为正式的施工平面图。

施工平面图图例　　　　　表 7-4

| 序号 | 名　称 | 图　例 | 序号 | 名　称 | 图　例 |
|---|---|---|---|---|---|
| 1 | 水准点 | ⊗ 点号/高程 | 13 | 室内地面水平标高 | ▽ 105.10 |
| 2 | 原有房屋 | ▨ | 14 | 现有永久公路 | |
| 3 | 拟建正式房屋 | ▭ | 15 | 施工用临时道路 | |
| 4 | 施工期间利用的拟建正式房屋 | | 16 | 临时露天堆场 | ▭ |
| 5 | 将来拟建正式房屋 | | 17 | 施工期间利用的永久堆场 | ▭ |
| 6 | 临时房屋：密闭式 敞篷式 | | 18 | 土堆 | |
| 7 | 拟建的各种材料围墙 | | 19 | 砂堆 | |
| 8 | 临时围墙 | —×—×— | 20 | 砾石、碎石堆 | |
| 9 | 建筑工地界线 | — ‥ — ‥ — | 21 | 块石堆 | |
| 10 | 烟囱 | | 22 | 砖堆 | |
| 11 | 水塔 | | 23 | 钢筋场地 | |
| 12 | 房角坐标 | $x=1530$ / $y=2156$ | 24 | 型钢堆场 | LIC |

续表

| 序号 | 名称 | 图例 | 序号 | 名称 | 图例 |
|---|---|---|---|---|---|
| 25 | 钢管堆场 | | 43 | 总降压变电站 | |
| 26 | 钢筋成品场 | | 44 | 发电站 | |
| 27 | 钢结构场 | | 45 | 变电站 | |
| 28 | 屋面板存放场 | | 46 | 变压器 | |
| 29 | 一般构件存放场 | | 47 | 投光灯 | |
| 30 | 矿渣、灰砂堆 | | 48 | 电杆 | |
| 31 | 废料堆场 | | 49 | 现有高压6kV线路 | —WW6—WW6— |
| 32 | 脚手架、模板堆场 | | 50 | 施工期间利用的永久高压6kV线路 | —LWW6—LWW6— |
| 33 | 原有的上水管线 | | 51 | 塔轨 | |
| 34 | 临时给水管线 | —S—S— | 52 | 塔吊 | |
| 35 | 给水阀门（水嘴） | | 53 | 井架 | |
| 36 | 支管接管位置 | —S— | 54 | 门架 | |
| 37 | 消防栓（原有） | | 55 | 卷扬机 | |
| 38 | 消防栓（临时） | | 56 | 履带式起重机 | |
| 39 | 原有化粪池 | | 57 | 汽车式起重机 | |
| 40 | 拟建化粪池 | | 58 | 缆式起重机 | |
| 41 | 水源 | | 59 | 铁路式起重机 | |
| 42 | 电源 | | 60 | 多斗挖土机 | |

续表

| 序号 | 名 称 | 图 例 | 序号 | 名 称 | 图 例 |
|---|---|---|---|---|---|
| 61 | 推土机 | | 66 | 打桩机 | |
| 62 | 铲运机 | | 67 | 脚手架 | |
| 63 | 混凝土搅拌机 | | 68 | 淋灰池 | 灰 |
| 64 | 灰浆搅拌机 | | 69 | 沥青锅 | |
| 65 | 洗石机 | | 70 | 避雷针 | |

# 任务 8
# 制定主要管理措施

【任务目标】

能够结合工程实际，制定相应的保证工程进度措施、工程质量措施、安全措施、环境管理文明施工措施、成本管理措施、扬尘治理及成品保护等管理措施。

工程主要管理措施是指在施工组织过程中对工程进度、质量、安全生产、文明施工和环境保护、成本管理等方面所制定的一系列管理方法。主要包括工程进度管理、质量管理、安全生产、环境管理、现场文明施工、成本管理、扬尘治理及成品保护等措施。施工管理措施涵盖很多方面的内容，可根据工程的特点有所侧重。

## 过程 8.1　制定工程进度管理措施

项目施工进度管理应按照项目施工的技术规律和合理施工顺序，保证各工序在时间上和空间上顺利衔接。

不同的工程项目其施工技术规律和施工顺序不同。即使是同一类工程项目，其施工顺序也难以做到完全相同。因此必须根据工程特点，按照施工的技术规律和合理的组织关系，解决各工序在时间和空间上的先后顺序和搭接问题，以达到保证质量、安全施工、充分利用空间、争取时间、实现经济合理安排进度的目的。

进度管理措施的内容

1. 对施工项目进度计划进行逐级分解，通过阶段性目标的实现保证最终工期目标的完成；

2. 建立施工进度管理的组织机构并明确职责，制定相应管理制度；

3. 针对不同施工阶段的特点，制定进度管理相应措施，包括施工组织措施、技术措施和合同措施等；

4. 建立施工进度动态管理机制，及时纠正施工过程中的进度偏差，并制定特殊情况下的赶工措施；

5. 根据项目周边环境特点，制定相应的协调措施，减少外部因素对施工进度的影响。项目周边环境是影响施工进度的重要因素之一，其不可控性大，必须重视诸如环境扰民、交通组织和偶发意外等因素，采取相应的协调措施。

## 过程 8.2　制定质量管理措施

质量管理计划可参照《质量管理体系 要求》GB/T 19001，在施工单位质量体系的框架内编制。施工单位应按照《质量管理体系 要求》GB/T 19001 建立本单位的质量管理体系文件。可以独立编制质量计划，也可以在施工组织设计中合并编制质量计划的内容。质量管理应按照 PDCA 循环模式，加强过程控制，通过持续改进提高工程质量。

质量管理措施的内容：

1. 按照项目具体要求确定质量目标并进行目标分解，质量指标应具有可测量性。应制定具体的项目质量目标，质量目标应不低于工程合同明示的要求，质量目标应尽可能地量化和层层分解到最基层，建立阶段性目标。

2. 建立项目质量管理的组织机构并明确职责。应明确质量管理组织机构中各重要岗位的职责，与质量有关的各岗位人员应具备与职责要求匹配的相应知识、能力和经验。

3. 制定符合项目特点的技术保障和资源保障措施，通过可靠的预防控制措施，保证质量目标的实现。在项目管理过程中施工单位应采取各种有效措施，确保项目质量目标的实现，这些措施包含但不局限于：原材料、构配件、机具的要求和检验，主要的施工工艺、主要的质量标准和检验方法，夏期、冬期和雨期施工的技术措施，关键过程、特殊过程、重点工序的质量保证措施，成品、半成品的保护措施，工作场所环境以及劳动力和资金保障措施等。

4. 建立质量过程检查制度，并对质量事故的处理做出相应规定。按质量管理八项原则中的过程方法要求，将各项活动和相关资源作为过程进行管理，建立质量过程检查、验收以及质量责任制等相关制度，对质量检查和验收标准作出规定，采取有效的纠正和预防措施，保障各工序和过程的质量。

## 过程 8.3 制定安全措施

安全管理计划可参照《职业健康安全管理体系 规范》GB/T 28001，在施工单位安全管理体系的框架内编制。目前大多数施工单位基于《职业健康安全管理体系 规范》GB/T 28001通过了职业健康安全管理体系的认证，建立了企业内部的安全管理体系。安全管理计划应在企业安全管理体系的框架内，针对项目的实际情况编制。

安全管理措施的内容：
1. 确定项目重要危险源，制定项目职业健康安全管理目标；
2. 建立有管理层次的项目安全管理组织机构并明确职责；
3. 根据项目特点，进行职业健康安全方面的资源配置；
4. 建立具有针对性的安全生产管理制度和职工安全教育培训制度；
5. 针对项目重要危险源，制定相应的安全技术措施；对达到一定规模的危险性较大的分部（分项）工程和特殊工种的作业应制定专项安全技术措施的编制计划；
6. 根据季节、气候的变化，制定相应的季节性安全施工措施；
7. 建立现场安全检查制度，并对安全事故的处理做出相应规定。

建筑施工安全事故（危害）通常分为七大类：高处坠落、机械伤害、物体打击、坍塌倒塌、火灾爆炸、触电、窒息中毒。安全管理计划应针对项目具体情况，建立安全管理组织，制定相应的管理目标、管理制度、管理控制措施和应急预案等。

## 过程 8.4 制定环境管理和文明施工措施

### 8.4.1 环境管理措施的内容

环境管理计划可参照《环境管理体系 要求及使用指南》GB/T 24001，在施工单位环境体系的框架内编制。

其内容包括：
1. 确定项目重要环境因素，制定项目环境管理目标；
2. 建立项目环境管理的组织机构并明确职责；
3. 根据项目特点，进行环境保护方面的资源配置；
4. 制定现场环境保护的控制措施；
5. 建立现场环境检查制度，并对环境事故的处理做出相应规定。

一般来说，建筑工程常见的环境因素包括如下内容：大气污染；垃圾污染；

建筑施工中建筑机械发出的噪声和强烈的振动；光污染；放射性污染；生产、生活污水排放。应根据建筑工程各阶段的特点，依据分部（分项）工程进行环境因素的识别和评价，并制定相应的管理目标、控制措施和应急预案等。

### 8.4.2 文明施工措施的主要内容

文明施工是指在施工过程中，现场施工人员的生产活动和生活活动必须符合正常的社会道德规范和行为准则，按照施工生产的客观要求从事生产活动以保证施工现场的高度秩序和规范，减少对现场周围的自然环境和社会环境的不利影响，杜绝野蛮施工和行为粗鲁，从而使工程项目能够顺利完成。

现场文明施工的内容主要从以下几个方面制定：现场围挡、封闭管理、施工场地、材料堆放、现场住宿、现场防火、治安综合治理、施工现场标牌、生活设施、保健急救、社区服务等。

### 8.4.3 环境保护措施

环保管理的具体内容包括：签订环保责任书；做好"三防八治理"工作。即防大气污染、防水源污染、防噪声污染；做好锅炉烟尘治理、沥青锅烟尘治理、地面路面施工垃圾扬尘治理、搅拌站扬尘治理、施工废水治理、废油废气治理、施工机械车辆噪声治理和人为噪声治理等。

施工现场环境保护的实施措施：

1. 施工现场的废物垃圾要及时清理，按环保要求运至指定的地点，可回收利用的废弃物，提高回收利用量；

2. 施工现场的作业面要保持清洁，道路要硬化通畅，保证无污物和积水；

3. 对于有易产生灰尘的材料要制定切实可靠的措施，如水泥、细砂等的保管和使用等，需要做防尘处理和密封存放；

4. 工程机械、设备和车辆进出施工场地的堵漏、覆盖等防污处理和建立冲洗制度；

5. 工地污水的排入要做到生活用水和施工用水分离，严格按市政和市容要求处理；

6. 减少施工工地用的机械、设备等所产生的噪声、废气、废液；

7. 对于影响周围环境的工程安全防护设施，要经常检查维护，防止由于施工条件的改变或气候的变化而影响其安全性；

8. 运输无遗撒。

## 过程 8.5 制定扬尘治理措施

为有效改善城市环境，提高大气质量，降低空气污染指数，遏制建筑施工现场的扬尘污染，应制定扬尘治理具体措施。

1. 落实目标责任，实行项目经理负责制
2. 编制防治扬尘和大气污染的专项施工方案
3. 封闭现场围挡

建筑工程施工现场必须全封闭设置彩色喷塑压型钢板围挡墙，严禁使用砖砌等其他形式的围挡墙，在建工程建筑物必须使用符合规定要求的密目安全立网进行封闭围挡，确保严密、牢固、平整、美观。

4. 标准临建设施

临建设施必须采用装配式轻钢结构临建房屋，达到《建筑工程施工现场装配式轻钢结构临建房屋技术规程》的要求。

5. 控制粉尘污染、污水污染和大气污染
6. 清运建筑垃圾

## 过程 8.6　制定成品保护措施

成品保护是贯穿于工程始终的一项工作，自工程的开工至竣工交付，得力的成品保护措施有利于强化工程的质量管理。

成品保护首先要明确哪些部位需要成品保护，例如楼梯踏步、门窗口、墙面、电梯等。其次制定相应保护措施，例如对成品电梯的保护，主要是层门和内饰需要保护，在措施上采用木板和塑料膜临时封闭的办法保护。然后是加强管理，与奖罚挂钩。建立管理制度，由专人负责，各使用单位按层划分责任区。

## 过程 8.7　其他管理措施

其他管理措施包括绿色施工管理措施、防火保安管理措施、合同管理措施、组织协调管理措施、创优质工程管理措施、质量保修管理措施以及对施工现场人力资源、施工机具、材料设备等生产要素的管理措施等。其他管理措施可根据项目的特点和复杂程度加以取舍。

### 复习思考题

1. 如果拟建工程为你所在的学生宿舍楼，在编制其单位工程施工组织设计之前，考虑要做哪些准备工作？
2. 对你熟悉的一栋建筑物进行其工程概况的描述。
3. 结合你见到的在建工程，考虑如何制定其各分部工程的施工方案。
4. 对你生活中的事情，想想有哪些可以通过流水施工的方式来组织？

5. 组织流水施工需要具备哪些条件?

6. 如果你所在的教学楼要施工,对其每个分部工程,你如何划分施工段、施工过程?流水节拍应该怎样确定?

7. 节奏性流水和无节奏流水具体应该怎样组织?试通过举例说明。

8. 简述施工进度计划的编制过程,如何对进度计划进行检查?

9. 结合工程实例的进度计划,进行劳动力配置。

10. 如何进行施工现场的平面布置?简述布置的步骤?

11. 结合一具体工程进行基础及主体施工阶段平面图的绘制。

12. 建筑工程施工的管理措施一般包括哪些方面?如何制定?

13. 根据所学知识,完成以下各专项能力训练:

| | 实 训 任 务 | 成 果 |
|---|---|---|
| 1 | 熟悉图纸 | 问题(识读)记录 |
| 2 | 编制分部工程施工方案 | 施工方案文本 |
| 3 | 编制施工准备工作计划 | 计划书文本 |
| 4 | 编制分部工程施工进度计划 | 施工进度计划表 |
| 5 | 施工平面图设计 | 图纸 |

## 实 训 练 习 题

1. 某钢筋混凝土工程由支模板、绑扎钢筋、浇筑混凝土三个施工过程组成,每个施工过程划分为三个施工段,其流水节拍分别为 $t_{支}=3d$,$t_{筋}=2d$,$t_{混凝土}=2d$。试分别按顺序施工、平行施工、流水施工三种组织方式确定工期,并绘制施工进度表。

2. 某基础工程分四段进行施工,其施工过程及流水节拍分别为:挖土3d,做垫层1d,混凝土基础2d,回填土2d,混凝土基础浇筑完成后有1d的间歇时间。试对该基础工程组织流水施工。

3. 某工地建造六幢相同类型的大板结构住宅,每幢建筑的主要施工过程及流水节拍分别为:基础工程6d,结构安装18d,粉刷装修12d,室外和清理工程12d。试对这六幢住宅工程组织流水施工。

4. 某分部工程,其施工段划分、施工过程数、流水节拍情况见下表所示。试对该分部工程组织流水施工,并绘制施工进度表。

**各施工过程流水节拍**

| 施工过程 \ 施工段 | 1 | 2 | 3 | 4 | 5 |
|---|---|---|---|---|---|
| A | 3 | 2 | 3 | 3 | 4 |
| B | 2 | 2 | 3 | 4 | 4 |
| C | 3 | 4 | 4 | 3 | 5 |
| D | 1 | 1 | 3 | 2 | 1 |

5. 指出下图所示各网络图的错误并改正之。

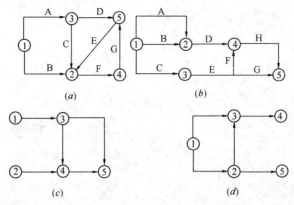

6. 某工程由支模板、绑扎钢筋和浇筑混凝土三个施工过程组成,它在平面上划分两个施工段,采用流水施工方式组织施工,各施工过程在各个施工段上的持续时间依次为 4d、3d 和 2d,试完成下列内容:

(1) 绘制横道图。

(2) 绘制双代号网络图,计算 ES、EF、LF、LS、TF 和 FF 并标注关键线路。

(3) 按最早时间绘制时标网络图。

7. 根据下表中各工作的逻辑关系,绘制双代号网络图。

**各工作的逻辑关系**

| 工作名称 | A | B | C | D | E | F |
| --- | --- | --- | --- | --- | --- | --- |
| 紧前工作 | — | A | A | B、C | C | D、E |
| 紧后工作 | B、C | D | D、E | F | F | — |

# 第 3 篇
## 单位工程施工组织设计实例

# 任务 9

# 编制依据

## 某学校实训楼施工组织设计

## 9.1 业主相关文件

1. 《某学校实训楼工程施工招标文件》以及相关的答疑文件。
2. 《某学校实训楼工程》施工现场了解的情况。
3. 《某实训楼工程》签订的施工合同。

## 9.2 工程招标图纸

石家庄××建筑设计有限公司设计的施工图纸。

## 9.3 工程应用的主要规范、规程

主要规范规程　　　　　　表 9-1

| 序号 | 类别 | 规程、规范名称 | 编　号 |
|---|---|---|---|
| 1 | 国家 | 工程测量规范及条文说明 | GBJ 50026—1993 |
| 2 | 国家 | 建筑地基基础工程施工质量验收规范 | GB 50202—2002 |
| 3 | 国家 | 建筑边坡工程技术规范 | GB 50330—2002 |

续表

| 序号 | 类别 | 规程、规范名称 | 编　号 |
|---|---|---|---|
| 4 | 国家 | 建筑工程施工质量验收统一标准 | GB 50300—2001 |
| 5 | 国家 | 建筑装饰装修工程质量验收规范 | GB 50210—2001 |
| 6 | 国家 | 混凝土结构工程施工质量验收规范 | GB 50204—2002 |
| 7 | 国家 | 建筑物防雷设计规范 | GB 50057—1994（2000） |
| 8 | 国家 | 建筑抗震设计规范 | GB 50011—2010 |
| 9 | 国家 | 建筑结构荷载规范 | GB 50009—2001 |
| 10 | 国家 | 建筑结构可靠度设计统一标准 | GB 50068—2001 |
| 11 | 国家 | 建筑设计防火规范 | GB 50016—2006 |
| 12 | 行业 | 钢筋焊接及验收规程 | JGJ 18—1996 |
| 13 | 国家 | 砌体工程施工质量验收规范 | GB 50203—2002 |
| 14 | 行业 | 混凝土小型空心砌块建筑技术规程 | JGJ/T 14—1995 |
| 15 | 行业 | 混凝土泵送施工技术规程 | JGJ/T 10—1995 |
| 16 | 行业 | 钢筋机械连接通用技术规程 | JGJ107—2003 |
| 17 | 国家 | 屋面工程质量验收规范 | GB 50207—2002 |
| 18 | 国家 | 建筑地面工程施工质量验收规范 | GB 50209—2002 |
| 19 | 行业 | 建筑工程冬期施工规程 | JGJ 104—1997 |
| 20 | 国家 | 建筑外窗保温性能分级及检测方法 | GB/T 8484—2002 |
| 21 | 行业 | 建筑门窗空气声隔声性能分级及检测方法 | GB/T 8485—2002 |
| 22 | 国家 | 塔式起重机安全规程 | GB 5144—2006 |
| 23 | 国家 | 混凝土强度检验评定标准 | GBJ 107—1987 |
| 24 | 行业 | 建筑机械使用安全技术规程 | JGJ 33—2001 |
| 25 | 行业 | 施工现场临时用电安全技术规范 | JGJ 46—2005 |
| 26 | 国家 | 通风与空调工程施工质量验收规范 | GB 50243—2002 |
| 27 | 国家 | 自动喷水灭火系统施工及验收规范 | GB 50261—2005 |
| 28 | 地方 | 建筑工程资料管理规程 | DBJ 01—51—2003 |
| 29 | 国家 | 建筑给水排水及采暖工程施工质量验收规范 | GB 50242—2002 |
| 30 | 国家 | 建筑排水硬聚氯乙烯管道工程技术规程 | CJJ/T 29—1998 |
| 31 | 国家 | 建设电气工程施工质量验收规范 | GB 50303—2002 |
| 32 | 国家 | 电气装置安装工程接地装置施工及验收规范 | GB 50169—2006 |
| 33 | 国家 | 建设工程施工现场供用电安全规范 | GB 50194—1993 |
| 34 | 国家 | 电气装置安装工程施工及验收规范 | GB 50254—1996、GB 50257—1996、GB 50258—1996、GB 50259—1996 |
| 35 | 国家 | 砌筑水泥 | GB/T 3183—2003 |
| 36 | 国家 | 钢筋混凝土用钢　第1部分：热轧光圆钢筋 | GB 1499.1—2008 |
| 37 | 国家 | 冷轧带肋钢筋 | GB 13788—2008 |
| 38 | 行业 | 普通混凝土配合比设计规程 | JGJ 55—2000 |
| 39 | 行业 | 普通混凝土用砂、石质量及检验方法标准 | JGJ 52—2006 |

## 9.4 主要图集

主 要 图 集　　　　　　　　　表 9-2

| 类别 | 名　　称 | 编　号 |
|---|---|---|
| 国家 | 混凝土结构施工图平面整体表示方法制图规则和构造详图 | 03G101-1、03G101-2 03G101-4、03G101-6 |
| 国家 | 建筑物抗震构造详图 | 03G329-1 |
| 国家 | 多层砖房钢筋混凝土构造柱抗震节点详图 | 03G363 |
| 地方 | 05系列建筑标准设计图集 | 05J1、05J2、05J3、05J7、05J9、05J12 |

## 9.5 主要法规

建筑法、合同法、建筑工程质量管理条例、房屋建筑工程质量保修办法、强制性管理条文、河北省建筑工程竣工验收及备案管理办法、河北省建筑装饰装修管理规定、建筑工程技术资料管理规程、概预算定额、集团公司 ISO 9001（2000版）质量保证体系文件。

## 9.6 其他

现行的国家规范、法律、法规，地方、行业规程、规定及上级建设行政主管部门的要求。

# 任务 10

# 工程概况

## 10.1 工程主要情况

本工程为石家庄市某学校实训楼，位于某学校校内。由石家庄××建筑设计有限公司设计，石家庄某监理有限公司负责监理。由某建设集团股份有限公司承包施工，施工合同已签订，定于2008年2月20日开工，2008年9月25日竣工。承包方式为包工包料。

## 10.2 各专业设计简介

### 10.2.1 建筑设计简介

本工程为六层现浇钢筋混凝土框架结构（局部为五层），建筑设计使用年限类别为50年，建筑耐火等级为二级，总建筑面积6985m²，本工程的建筑平面布局为L形（其平面简图如图10-1）。室内外高差为0.45m，层高为3.6m，建筑物高度为22.05m。

#### 10.2.1.1 内外墙

地上部分外墙采用250mm厚加气混凝土墙，内墙采用200mm厚加气混凝土砌块，地下部分外墙采用370mm厚烧结普通页岩砖；内墙采用240mm厚烧结普通页岩砖。

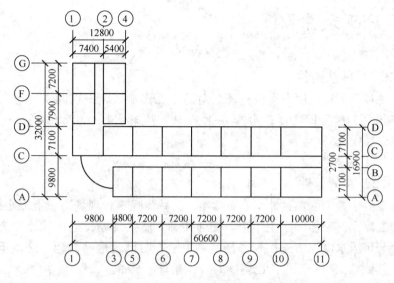

图 10-1 建筑平面图

#### 10.2.1.2 装饰装修

1. 室内装饰

楼地面：管道井为水泥砂浆楼面，其余为陶瓷地砖地面。楼面：管道井、电梯机房为水泥砂浆楼面、厕所为防瓷地砖防水楼面、水箱间为水泥砂浆防水楼面，其余为特殊骨料耐磨楼面。内墙：厕所为釉面砖墙面，其余为水泥砂浆墙面刷白色涂料。顶棚：电梯机房、水箱间、管道井（无涂料）为水泥砂浆刷白色涂料，其余为轻钢龙骨纸面石膏板吊顶。门窗：窗为塑钢窗，门为甲级防火门；丙级防火门等。

2. 外墙装饰

1层为深灰色花岗岩，2~6层为外墙面砖，其中1层门厅和其上各层休息厅的外墙均为淡蓝色镀膜隐框玻璃幕墙。

#### 10.2.1.3 屋面防水设计

屋面为Ⅲ级防水屋面，采用高聚物改性沥青防水卷材一道，自带保护层，55mm厚挤塑聚苯乙烯泡沫塑料板保温层。

### 10.2.2 结构设计简介

该工程主体为现浇钢筋混凝土框架结构，抗震设计按地震烈度7度设计，建筑抗震设防类别为丙类，建筑安全等级为二级，基础类型为独立基础（局部为柱下条形基础），地基基础设计等级为丙级，抗震等级为三级。混凝土强度等级垫层为C15，基础及梁板柱楼梯为C30；其余圈梁、构造柱等混凝土采用C20；钢筋为HPB235，HRB335，HRB400级钢筋，柱梁的纵向受力筋采用机械连接。填充墙：±0.000以下MU10烧结页岩砖，M7.5水泥砂浆砌筑，±0.000以上M5混合砂浆砌筑加气混凝土砌块。

## 10.3 施工条件

### 10.3.1 自然条件
施工现场已平整，地下水位较深，对施工无影响。施工期间主导风向为东南风，基本风压：$0.35kN/m^2$；雨季在七八月，基本雪压：$0.30kN/m^2$；最大冻深：0.6m。

### 10.3.2 其他条件
本工程处于教学区，紧邻1号教学楼，为减少噪声，现场不设混凝土搅拌站，采用泵送混凝土。紧邻市区主干道，交通便利，施工现场交通运输比较方便，水电可直接与市区水电管网连接；办公室和生活临时设施也已修建，施工机具、施工队伍及其他施工准备工作均已落实，开工条件已具备。

# 任务 11 施工部署与施工方案

## 11.1 施工部署

### 11.1.1 施工管理目标

工程质量目标：达到国家验收合格标准，工程一次交验合格。按现行有效的规范、规程中的标准结合集团公司的管理规定，通过严格的过程控制，实现"过程精品"。

工期目标：本工程计划开工期为 2008 年 2 月 20 日，竣工日期 2008 年 8 月 30 日，竣工为完成交工竣工验收。

安全及文明施工目标：杜绝死亡、重伤及消防、机械事故，轻伤事故频率控制在 12‰ 以内，施工现场管理创文明工地。

工程成本造价控制目标：通过科学的管理、先进的技术和设备、经济合理的施工方案和工艺、科学的策划和部署、有效的组织、管理、协调和控制，使该工程成本和造价得到良好的控制；加强过程和程序控制，追求"过程精品"。

服务目标：顾客（建设单位及其代表监理单位）意见、建议及时回复率 100%，合理要求满足率 100%。随时为顾客提供咨询、协助等服务。

### 11.1.2 指导思想

以质量为中心，执行 ISO 9001：2000 系列标准，按照《质量保证手册》，建立工程质量保证体系；编制项目《质量计划》；选配高素质的项目经理及管理人员，组成项目经理部；积极应用推广新技术、新工艺、新材料、新设备；精心组织，科学管理；在合同工期内优质、高速、安全、低耗地完成本工程的建设任务。

### 11.1.3 施工部署原则

#### 11.1.3.1 施工程序

坚持先地下后地上，先结构后装修，先土建后安装的原则进行施工，水、电安装及时配合土建部分的施工要求穿插进行。装修、安装阶段内外平行施工，力争达到"平面占满，空间连续"的施工组织效果，以确保结构施工顺利按期完成，为工程按期竣工打下良好的基础。

#### 11.1.3.2 总平面布置

1. 结构施工阶段

综合考虑施工全过程需要，设置各类库房、办公、生活用房和各类生产用房，设置一个砂浆搅拌站、一台QTZ40塔吊等施工机械设备。

2. 安装、装修阶段总平面布置

将原主体结构阶段钢筋、模板加工场改为安装、装饰材料堆场，在楼的中部适当位置安设一座龙门架。

3. 施工现场平面布置及施工道路布置

见第三篇图14-1。

## 11.2 施工方案

### 11.2.1 施工工艺流程

#### 11.2.1.1 基础结构施工工艺流程

测量放线→土方开挖→地基钎探→验槽→基础混凝土垫层→放线→预检→基础钢筋→柱插筋→各专业预埋→隐检→支基础模板→浇筑基础混凝土→养护→基础验收→土方回填→转入主体施工。

#### 11.2.1.2 主体结构施工工艺流程

主体阶段：放线→搭设满堂红脚手架→绑扎柱钢筋→预留预埋→隐检→支柱模板→浇筑混凝土→拆除柱模板→铺设梁底模板→绑扎梁钢筋→支梁侧模、铺设现浇板模板→绑扎现浇板钢筋→各专业预留预埋→检验（隐检）→现浇梁板混凝土浇筑→养护→放线（进入下楼层施工）。

### 11.2.2 施工段划分

#### 11.2.2.1 基础工程

土方开挖及垫层不分段，基础钢筋、模板、混凝土、砌筑、回填土以⑦轴为界分为两个施工段。

#### 11.2.2.2 主体工程

每层以⑦轴为界分为两个施工段，脚手架及拆除模板不分段，随施工进度进行施工。

**11.2.2.3 屋面工程**

屋面工程不分段。

**11.2.2.4 装饰工程**

内装修每层为一段，外装修自上而下一次完成。

### 11.2.3 各分部工程施工测量放线

**11.2.3.1 建筑定位**

根据测绘院提供的坐标桩点检查准确无误后进行放线，测定建筑物关键主控轴线。

验线：放完线经自检合格后，请各方验线并办理签证。

**11.2.3.2 水准点引进及控制**

根据测绘院提供的永久水准点，引测至现场楼座处标高，在建筑物东西各设一点，将点位妥善保管好。

**11.2.3.3 标高位置控制**

把交叉点投测在四面的基坑外的木桩上。平面控制法与主轴线的桩位是定位放线的重要依据。当控制网与主轴线测定后应立即对桩位采取保护措施。一般采取在桩上方立三角标或围栅栏等保护措施，并对其他班组施工人员进行保护测量标志的教育。当控制网测定并经自检合格后提请有关主管领导即有关技术部门，通知甲方验线。在收到验线合格通知后，方可正式使用。

1. 建筑物基础放线

（1）基础放线

根据平面控制网，检测各主轴线控制桩位，确实没有碰动和位移后，用经纬仪向地梁投测主轴线。经校核后，以主轴线为准，用墨线弹出基础施工中所需要的中线、边界线、墙宽线等。

（2）验线

基础验线允许偏差如下：

长度 $L \leqslant 30m$ 允许偏差 $\pm 5mm$；$30m < L \leqslant 60m$ 允许偏差 $\pm 10mm$；$60m < L \leqslant 90m$ 允许偏差 $\pm 15mm$；$90m < L$ 允许偏差 $\pm 20mm$。

基础放线经有关技术部门和建设单位验线后方可正式交付施工使用。

2. 层间建筑标高控制

（1）测量允许偏差

层间标高测量偏差不应超过 $\pm 3mm$，建筑全高（$H$）测量偏差不应超过 $3H/10000$ 且不应大于：（$30m < H \leqslant 60m$）$\pm 10mm$。

（2）$\pm 0.000$ 以下标高测法

为控制基础和 $\pm 0.000$ 以下各层的标高，在基坑四周水平打下长木桩，在木桩侧面钉下铁钉，编好号码，并用油漆在桩边写清楚，用吊钢尺的办法，用水准仪根据附近栋号水准点，测出铁钉帽顶高程，对应编号做好记录，最后，将水准仪安置在基坑内，校测各铁钉帽顶高程，附和或环线闭合差在±5mm 内认为合格。施测基础标高时，应后视两处作校核。

(3) ±0.000 以上标高测法

±0.000 以上标高测法，主要是用钢尺沿结构外墙、边柱等向上竖直测量，一般高程建筑至少要由三处向上引测，以便相互校核和适应分段施工需要。

3. 层间建筑物竖向控制

当建筑施工到±0.000 后，随着结构的增高，要将首层轴线逐层向上投测，作为各层放线和结构竖向控制的依据。施工中对竖向偏差要求较高，轴线竖向投测的精度和方法必须与其适应，保证工程质量。

(1) 测量允许偏差

层间竖向测量偏差不应超过 3mm，建筑全高（$H$）竖向测量偏差不应超过 $3H/10000$，且不应大于：（$30m<H\leqslant 60m$）±10mm。

(2) 建筑竖向投测和要点

由于本工程场地较大，所以选择外控法。在基础工程完成后，根据建筑平面控制网，校测建筑物主轴线控制桩后，把十字形主轴线精确测设到建筑首层墙上作为向上投测的依据。在浇筑上升的各层楼面时，在首层控制点上架设经纬仪，以此点作为控制点。其余控制点用同样的方法向上传递。用经纬仪架在浇筑层控制点上，重新穿出主轴线，并检查十字形 90°夹角，误差在 1/6000 以内，才可以进行细部结构的放线。竖向投测前，要对仪器进行校检，保证激光垂准仪各轴系关系正确。

### 11.2.3.4 钢筋工程测量

利用往返观测将工作基点引测至墙竖向钢筋上，此项工作的精度不得低于水准网的精度要求，此工作经复测无误后，交给工长作为整个施工层标高控制的依据。工长在进一步引测过程中，层间偏差值不得超过±3mm 的要求。

现场标高点用红或蓝胶带纸进行标识，应注意胶带纸上下边的统一。在绑扎门窗洞口过梁时，可用 5m 钢卷尺将标高向上传递，拉尺过程中应保持立筋垂直，以免造成立筋垂直偏差过大，而导致出现过梁钢筋偏低的质量问题。

### 11.2.3.5 模板工程测量

板底模支设高度是依据测设于脚手架立杆的标高点，所以测设脚手架立杆的标高点是模板工程标高控制的着重点。

测设时可选位于满堂脚手架的角点、中间点底部稳定可靠、垂直的立杆，将标高测设其上，扶尺人员注意标高的上方是否有扣件、横杆是否阻碍标高点向上的传递。然后有红或蓝胶带纸做统一的标识。测设完毕后可沿立杆向上传递，定出水平杆的标高点，利用细线将各标高点连线，检查合格后，（连线应重合，偏差值小于 3mm）可将此细线作为其他脚手架搭设的依据。

待部分模板铺设完成后，可将水准仪架设其上，检查模板面标高、平整度以及相邻两块模板的高低差（表 11-1）。

现浇结构模板安装允许偏差值　　　　表 11-1

| 底模上表面标高 | 相邻两板表面高差 | 表面平整度（2m） |
| --- | --- | --- |
| ±5mm | 2mm | 5mm |

工长在过程控制中，应注意检查以下部位标高情况：吊模侧模底标高，外墙模板标高是否低于混凝土顶面标高，跨度不小于 4m 梁、板跨中标高是否按要求起拱，电梯井底模，焊接预埋件标高高差等。

#### 11.2.3.6　混凝土工程测量

工作重点：控制板混凝土顶面标高。

待板底模铺设完成后，即可将水准仪架设其上，将距混凝土面 500mm 的控制标高测设在柱立筋上，测设标高的数量应保证每面墙上有一标高点，混凝土浇筑过程中，应随时将各标高点拉线，检查找平，此外工作面上也架设一台水准仪随时动态地进行监控，发现问题，及时改正，将混凝土顶面标高偏差值控制在 ±10mm 以内。

#### 11.2.3.7　二次结构施工测量

根据结构施工时的轴线控制线放出二次结构的墙边线，门窗洞口线，并弹出墙边的控制线作为装饰时抹灰的控制线，裙房外墙上下层间应作校核后再进行墙体砌筑。

#### 11.2.3.8　屋面施工测量

1. 首先检查各向流水实际坡度是否符合设计要求，并测定实际偏差。
2. 屋面四周测设水平控制线及各向流水坡度控制线。
3. 卷材防水屋面测设十字直角控制线。
4. 上人屋面按地面面层施工测量方法施测。

#### 11.2.3.9　沉降观测

本工程在每一施工阶段及使用过程中均应对建筑物作沉降观测记录。基础施工完毕观测一次，以后每施工完两层观测一次，装修阶段每一个月观测一次，竣工验收后，第一年每两个月观测一次，第二年每四个月观测一次，第三年后每半年观测一次，直到下沉稳定为止。

### 11.2.4　施工方法及施工机械的选择

#### 11.2.4.1　土方工程

1. 土方开挖

开挖前向建设单位详细了解地下有无管线电缆等，如有在其 1m 范围内人工开挖防止破坏。本工程基础采用按基底尺寸预留 500mm 工作面，按 1∶0.33 坡度放坡的开挖方案。技术人员按照基础施工图将基础开挖上口线用白灰粉撒好，并在场区四周不易破坏位置上作标记，以备开挖过程中、开挖后测放边线，根据现场的土质情况和开挖深度放好边坡。工程开挖选用反铲挖土机一台，配备自卸汽车 6 台运土。开挖以机械为主并配以人工，施工前施工现场负责人向所有参加施工的人员进行有针对性的技术交底,必须使每个操作者对施工中的技术要求心中有数。开挖时先进行试挖。开挖时加强对基土的保护,严禁扰动、破坏,机械开挖预留 200mm 厚,人工清理。挖完后,拉尺检查槽边各部位尺寸,修槽边、清理槽底。搭设上下基坑的马道。

2. 钎探、验槽

土方开挖后及时进行钎探验槽,验收合格后及时进行垫层施工。钎探采用人工打钎。工艺顺序如下:

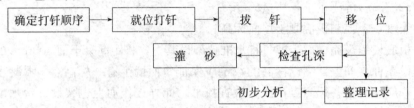

(1) 基坑开挖后,用锤把钢钎打入槽底的基土内,根据每打入一定深的锤击次数,来判断地基土质情况。

(2) 钢钎直径 25mm,钎尖呈 60°尖锥状,长 1.8m,准备相同规格的十套。

(3) 大锤用 10kg 铁锤,打锤时举高离钎顶 50cm,将铁锤自然下落垂直打入土中,并记录好每打入土层 30cm 的锤击数。

(4) 钎探点布置间距 1.5m,呈梅花状布置,钎探时按钎探图标定的钎探点顺序进行,整理成钎探记录表,对锤击数显著过多或过少的点位重点分析,如有异常情况,如实记录、重点标注,提请勘察设计单位处理。

(5) 钎探点位布置按平面图,图上注明探点位置编号。

(6) 钎探时按平面图标定的钎探点、分段顺序进行,如实填好记录,以做好结果分析和设计处理。

(7) 打完的钎孔,经过质量检查人员和监理工程师检查孔深与记录无误后,即进行灌砂。灌砂时,每填入 30cm 左右时,可用钢筋棒捣实一次。

验槽自检重点注意以下两点:

(1) 挖槽结束后,检查槽壁土层分布情况及走向。

(2) 槽底土质是否挖至老土层,土的颜色是否均匀一致,土的坚硬程度是否一致,是否局部过松,土层行走有无含水量异常现象,行走是否颤动,有无枯井(选择观察重点部位在柱基、基础角及其他受力较大部位)。

3. 回填土

基础验收,各专业预埋工作完成后,进行回填土施工。施工机械选择:土方运输采用铲运机、自卸汽车送至基槽,人工采用九齿耙、铁锹整平,蛙式打夯机夯实。铲运机、自卸汽车利用土方开挖使用的机械。

工艺流程如下:

基底清理→检验土质→分层铺土→分层夯密实→检验密实度→修整找平验收

(1) 填土前应将基坑(槽)底或地坪上的垃圾等杂物清理干净。基槽回填前,必须清理到基础底面标高,将回落的松散垃圾、砂浆、石子等杂物清除干净。

(2) 检验回填土的质量有无杂物,粒径是否符合规定,以及回填土的含水量是否在控制的范围内;如含水量偏高,可采用翻松、晾晒或均匀掺入干土等措施;如遇回填土的含水量偏低,可采用预先洒水润湿等措施,含水量控制在"手握成团、落地开花"的程度。

(3) 回填土应分层铺摊。每层铺土厚度应根据土质、密实度要求和机具性能确定。一般蛙式打夯机每层虚铺土厚度为250mm;人工打夯不大于200mm。每层铺摊后,随之耙平。

(4) 回填土每层至少夯打三遍。打夯应一夯压半夯,夯夯相接,行行相连,纵横交叉。并且严禁采用水浇使土下沉的所谓"水夯"法。

(5) 如分段填夯时,交接处应填成阶梯形,梯形的高宽比一般为1∶2,上下层错缝距离不小于1m。

(6) 基坑(槽)回填应在相对两侧或四周同时进行。基础墙两侧标高不可相差太多,以免把墙挤歪。

(7) 回填土每层填土夯实后,应按规范规定进行环刀取样,测出干土的质量密度;达到要求后,再进行上一层的铺土。

(8) 修整找平:填土全部完成后,应进行表面拉线找平,凡超过标准高程的地方,及时依线铲平;凡低于标准高程的地方,应补土夯实。

**11.2.4.2 钢筋工程**

1. 钢筋的采购

钢筋按照图纸和规范要求抽出钢筋用量,分出规格和型号,由公司物资部负责采购并运到现场,钢筋应有出厂质量证明书或试验报告单一式两份,随料到达。钢筋采购严格按质量标准执行。

2. 钢筋的加工

钢筋加工按《混凝土结构工程施工质量验收规范》GB 50204—2002 和设计要求执行。

(1) 钢筋配料、下料

做配料单之前,要先充分读懂图纸的设计总说明和具体要求,然后按照各构件的具体配筋、跨度、截面和构件之间的相互关系来确定钢筋的接头位置、下料长度、钢筋的排放。钢筋加工前由技术部做出钢筋配料单,配料单要经过反复核对无误后,由项目总工程师审批进行下料加工。

(2) 钢筋加工

钢筋按部位、分构件分别码放,钢筋上挂牌,牌上写明规格、部位、数量、长度等。

3. 钢筋接头位置及接头形式

(1) 钢筋的接头方式为柱、梁主钢筋采用机械接头,板钢筋采用绑扎搭接接头,钢筋绑扎接头位置应相互错开。

(2) 柱、梁、墙体竖向钢筋的接头位置宜设置在受力较小部位,且在同一根钢筋全长上宜少设接头。

(3) 框架梁钢筋接头位置：接头位置下层筋在支座范围，上层筋在跨中范围内。

(4) 框架梁：同一截面接头不得超过 25%，相邻接头间距不应小于 600mm。钢筋接头不宜设置在梁端、柱端的箍筋加密区范围内。

(5) 楼板：下层筋在支座范围搭接，上层筋在跨中范围搭接。加工好的成品钢筋要严格按照分楼层分部位、分流水段和构件名称分类堆放在使用分项工程的周边堆料场。

4. 钢筋运输与存放

(1) 钢筋半成品在运输时一定要按规格、品种分类堆放，防止混乱造成错用。

(2) 钢筋半成品在装卸时要轻拿轻放，防止出现钢筋半成品变形，影响钢筋的施工质量。

(3) 钢筋运输时要提前计划好施工中所需的各种规格和数量，以便能及时满足施工进度的需要，不出现窝工现象。

(4) 钢筋半成品的存放要按种类堆放，地面要硬化过，防止钢筋被污染。

5. 钢筋的检验

钢筋进入加工场地后，应按批进行检查和验收。每批由同牌号、同炉罐号、同规格号、同交货状态的钢筋组成。每 60t 作为一个检批量，检验内容包括资料核查，外观检查和力学性能试验等。

钢筋取样和送样，要有监理公司的监理人员在场，填好报表，然后监理人员跟随试验工到有资格的试验室去送检。

6. 钢筋连接

根据规范、设计图纸及同类工程的施工经验，钢筋的连接形式一般为：

柱、梁钢筋采用直螺纹连接；其他直径钢筋连接采用绑扎连接（有特殊要求时采用焊接）。钢筋连接作业条件：连接设备检测合格，焊工及机械接头操作人员必须持证上岗。钢套筒应有合格证及接头连接的形式检验报告，正式焊接及辊压套丝连接前，必须进行现场条件下钢筋焊接及接头连接性能试验，经外观检查，拉伸弯曲试验合格后方可正式施工。

7. 钢筋绑扎

(1) 柱钢筋绑扎

1) 工艺流程：套柱箍筋→竖向钢筋连接→画箍筋间距线→绑扎箍筋→验收。

2) 按照图纸要求间距，先将箍筋套在下层伸出的主筋上，然后立柱子钢筋，竖向钢筋连接。

3) 柱箍筋绑扎：在立好的柱子主筋上，用粉笔画出箍筋间距，然后将已套好的箍筋往上移动，由上往下采用缠扣绑扎。

(2) 框架梁钢筋绑扎

1) 工艺流程：画主次梁箍筋间距→摆放主次梁箍筋→穿主梁底层纵筋并与箍筋固定→穿次梁底层纵筋并与梁箍筋固定→穿主梁上层纵向架立筋→绑扎箍筋→

穿次梁上层纵向筋→绑扎箍筋。

2）在梁底模板上画箍筋间距后摆放箍筋。穿梁的上下部纵向受力筋，先绑上部纵筋，再绑下部纵筋。梁上部纵向钢筋贯穿中间接点，梁下部纵向钢筋伸入中间接点要保证锚固长度。

3）绑扎箍筋：梁端第一个箍筋在距离柱边50mm。按图纸和规范要求在梁端箍筋部位进行加密。

4）梁的受力筋为双排时，可用短钢筋垫在两层钢筋之间。

（3）楼板钢筋绑扎

1）工艺流程：清理模板→模板上画钢筋位置线→绑扎下层受力筋→绑扎上层负筋→放垫块→验收。

2）清扫模板上刨花、碎木、电线管头等杂物。用粉笔在模板上画好主筋、分布筋间距。按画好的间距，先摆放受力主筋，后摆放分布筋，预埋件、电线管、预留孔等要及时配合安装。

3）在管线预埋固定后，绑扎负弯矩筋，每个扣都要绑扎。

4）在主筋下垫砂浆垫块控制保护层。

（4）楼梯钢筋绑扎

1）工艺流程：画位置线→绑扎主筋→绑扎分布筋→绑扎踏步筋→验收

2）在楼梯段底模上画出主筋和分布筋的位置线。

3）先绑扎主筋后绑扎分布筋，每个交点都要绑扎。休息平台处，先绑梁筋后绑板筋，板筋锚固到梁内。

4）底板筋绑完后，待踏步板吊绑模板支好后，再绑踏步钢筋。

**11.2.4.3 模板工程**

模板采用全新竹胶模板。模板之间及其与基体间的间隙采用透明胶带和双面胶密封条封闭以确保不漏浆。采用成品脱模剂。支撑结构为$\Phi$48钢脚手管、扣件搭设。模板按早拆体系要求备足三层的需用量。

模板由现场加工，加工模板的工作面必须平整和有足够的强度。板接缝采用硬拼缝，在接缝处必须附加一根"50mm×100mm"木方。模板堆必须在其下部垫三根"100mm×100mm"的木方，堆放高度不大于1.5m，随加工随用。

1. 柱采用竹胶模板加工制作施工方法

根据设计图纸（图11-1）方柱由四块15mm厚竹胶板根据柱几何尺寸现场加工拼装，用"50mm×100mm"方木做竖肋，100mm×50mm×3mm方钢作柱箍，采用钢管斜撑。

2. 梁板模板

梁板模板采用15mm厚竹胶板，背楞及搁栅采用"50mm×100mm"方木（图11-2）。搁栅中距为300mm。搁栅托梁采用"100mm×100mm"木方，当楼板厚$h \leq 200$时，托梁中距为1200mm，楼板厚$h > 200$时，托梁中距为900mm。

梁底模为15mm厚竹胶板，纵向配"50mm×100mm"方木，梁宽$b < 600$时，配3道，横向用碗扣式脚手架支撑，间距为900mm。梁侧模为15mm厚竹胶板，

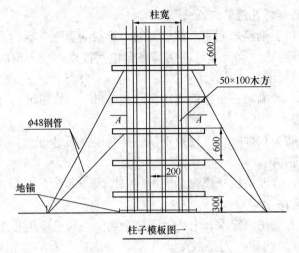

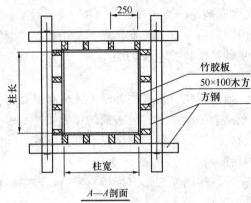

图 11-1 柱子模板示意图

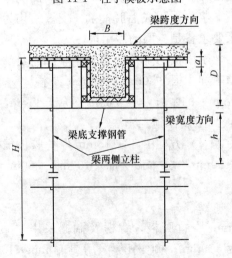

图 11-2 梁模板示意图

配"50mm×100mm"方木,其间距配置要求为:梁高 $h<1000$mm 时,配 3 道,梁高 $h \geqslant 1000$mm 时,配 4 道。

梁板均采用早拆养护支撑，当混凝土强度达到设计强度50%时，即可拆去部分支撑，只保留养护支撑不动。

本工程梁支撑采取快拆体系，可减少措施上的支撑点数量，保证模板的快速周转。结合本工程特点，在框架梁及次梁下设三个支撑点，同板的支撑点一起构成本层支撑。

(1) 梁模板支设安装顺序

复核梁底标高，校正轴线位置→搭设梁模支架→安装梁木方→安装梁底模板→绑扎梁钢筋→安装两侧模板→穿对拉螺栓→按设计要求起拱→拧紧对拉螺栓→复核梁模尺寸、位置→与相邻梁模连接牢固。

1) 复核梁底标高，校正轴线位置无误后，搭设和调平梁模支架（包括安装水平拉杆和剪刀撑），固定木方横楞，再在横楞上铺放梁底板。然后绑扎梁钢筋，安装并固定两侧模板。有对拉螺栓时插入对拉螺栓，并套上套管。安装钢楞拧紧对拉螺栓，调整梁口平直。采用梁卡具时，夹紧梁卡具，扣上梁口卡。

2) 框架梁都大于规范规定的4m要求，因此，支模之前必须按照2‰起拱。

3) 梁口与柱头模板采用定型模板。

4) 多层支架时，应使上下支柱在一条垂直线上。

5) 模板支柱、纵横方向的水平拉杆、剪刀撑等，按设计要求布置。支柱间距1.2m，纵横方向的水平拉杆的上下间距不宜大于1.5m，纵横方向的垂直剪刀撑的间距不宜大于6m。

(2) 楼板模板安装顺序

弹控制标高线→支立杆→沿支柱U托安放100mm×100mm主龙骨→铺50mm×100mm次龙骨→15mm厚竹胶板→侧模板安装→模板验收。

1) 单块就位组拼时，每个节间从四周先用阴角模与墙、梁模板连接，然后向中央铺设。

2) 采用钢管脚手架作支撑时，在支柱高度方向每隔1.5m设一道双向水平拉杆。支撑与地面接触处应夯实并垫通长脚手板连接。

3) 拉通线，支设、校正和检查墙体的轴线与模板的边线。

4) 在竖向钢筋上测设楼层1.0m线，以控制模板安装高度，检查模板标高。

5) 清扫：合模之前先进行第一次清扫，合模后用压缩空气或压力水第二次清扫。

模板安装时采取的一些技术措施。

6) 模板支设严格按模板配置图支设，模板安装后接缝部位必须严密，为防止漏浆可在接缝部位加贴密封条。底部若有空隙，应加垫10mm厚的海绵条，让开柱边线5mm。

7) 为保证梁板接缝处不漏浆，该部位模板接缝处采用密封条处理。

8) 楼板模板的接缝处理：模板与模板接缝处，一是要保证两块模板的高度差不能太大。二是要保证接缝的严密，也就是保证混凝土不漏浆。为了达到这两个目的，须在接缝处模板下垫木方，通过木方校正两块模板的高差，并在接缝处形成构造密封,可有效防止漏浆。

(3) 模板的拆除

非承重侧模应以能保证混凝土表面及棱角不受损坏（大于 $1N/mm^2$）方可拆除,承重模板应按《混凝土结构工程施工及验收规范》的规定执行。混凝土浇筑完,将同条件下养护的混凝土试块送试验室试压,根据试验室出具的强度报告,决定模板的拆除时间和措施。梁、板模板和支撑在混凝土强度达到设计强度值后拆除。墙模、柱模一般在浇筑完 12h 后即可进行拆模。

模板拆除的顺序和方法,应按照配板设计的规定进行,遵循先支后拆、后支先拆,先非承重部位、后承重部位以及自上而下的原则。

**11.2.4.4 混凝土工程**

本工程混凝土需求量很大,结构施工用混凝土全部采用商品混凝土,采用泵车输送,同时配备一辆汽车泵解决临时需要。混凝土施工工艺是否合理、保证措施是否有力,直接决定着混凝土的质量和外观效果。

1. 材料进场验收

按《混凝土泵送施工技术规程》规定进行进场检测,如坍落度、温度等和试块留置等工作。

2. 作业条件

(1) 钢筋工程的隐蔽、模板工程的预检、预埋件（包括钢板止水带、构造柱上端埋件等）工程的预检、安装工程等相关验收项目已经完成（经监理方签认）。

(2) 混凝土浇筑（必须有资料员、质检员、混凝土责任工程师、现场经理确认）、开盘鉴定等相关准备资料签认完毕。

(3) 施工缝处混凝土表面必须满足下列条件:已经清除浮浆、剔凿露出石子、用水清洗干净、湿润后清除积水、松动砂石和软弱混凝土层已清除、地下结构外墙钢板止水带均已安装、已浇筑混凝土强度不小于 1.2MPa（通过同条件试块来确定）。

(4) 钢筋的油污、混凝土等杂物必须清理干净。木板上的湿润工作已完成（但不得有明水）。

(5) 混凝土泵、泵管铺设、承台或塔吊准备好。浇筑混凝土的人员（包括试验、水电工、振捣工等）、机具（包括振动棒、电箱等）、冬雨等季节性施工的保温覆盖材料、水、电（需要调试的必须预先调试好）等已安排就位。

(6) 浇筑混凝土用的架子及马道已支搭完毕并经检查合格。

(7) 商品混凝土厂家提出的混凝土配合比及相关参数要求,准备工作完毕,具备向现场输送混凝土条件。

(8) 工长根据施工方案对操作班组已进行全面施工技术交底。混凝土浇灌申请书已被批准。

3. 混凝土的浇筑

(1) 混凝土的分层浇筑

做到按操作规程、方案和技术交底规定的要求,采用测杆检查分层厚度。垫层厚度为 100mm 厚,分两层,50mm 一层,测杆每隔 50mm 刷红蓝标志线,测量时直立在混凝土上表面上，以外露测杆的长度来检验分层厚度，并配备检查、浇筑用照明灯具，分层厚度满足规范要求。

（2）柱混凝土浇筑前的接浆

柱混凝土浇筑前必须接浆处理。采用同配合比砂浆，均匀的浇灌入柱，厚度控制在5~10cm厚。严禁无接浆浇筑混凝土。

（3）混凝土坍落度的测试

混凝土坍落度必须做到每车必试，试验员负责对当天施工的混凝土坍落度实行测试，混凝土责任工程师组织人员对每车坍落度测试，负责检查每车的坍落度是否符合商品混凝土技术要求，并做好坍落度测试记录。

（4）混凝土的和易性和凝结时间

1）混凝土责任工程师及时检查混凝土的凝结时间及和易性是否能满足工程需要。如和易性不能满足要求，立即退回混凝土，不能加水；如混凝土流动性过大，可能造成混凝土离析等现象，立即退回混凝土，决不能迁就使用。

2）混凝土施工时，准确掌握混凝土的初凝时间，在混凝土初凝前浇筑完，防止混凝土裂缝的出现，特别是在梁板的分层浇筑、板的迂回浇筑等。

（5）各分项混凝土的浇筑方法

梁、板混凝土浇筑：

1）梁、板同时浇筑，浇筑方法由一端开始用"赶浆法"，即先浇筑梁，根据梁高分层浇筑成阶梯形，当达到板底位置时再与板的混凝土一起浇筑，随着阶梯形不断延伸，梁板混凝土浇筑连续向前进行。

2）梁柱节点钢筋较密时，浇筑此处混凝土用小粒径石子同强度等级的混凝土浇筑，并用30型振动棒振捣。

3）浇筑板混凝土的虚铺厚度略大于板厚，用平板振捣器垂直浇筑方向来回振捣，或用插入式振捣器顺浇筑方向拖拉振捣，并用铁插尺检查混凝土厚度，振捣完毕后用刮杠将表面刮平，再用木抹子抹平。浇筑板混凝土时不允许用振捣棒铺摊混凝土。混凝土面一次抹平后，在初凝前，进行二次抹面，将表面用木抹子压实抹平，用笤帚扫出细纹。

楼梯段混凝土浇筑：

1）楼梯段混凝土自下而上浇筑，先振实底板混凝土，达到踏步位置时再与踏步混凝土一起振捣，不断连续向上推进，并随时用木抹子（或塑料抹子）将踏步上表面抹平。

2）施工缝位置：楼梯混凝土宜连续浇筑完，多层楼梯的施工缝应留置在楼梯段1/3的部位。

（6）混凝土的振捣

混凝土振捣设专人振捣，快插慢拔，避免撬振钢筋、模板，每一振点的振捣延续时间，使混凝土表面呈现浮浆和不再沉落，一般为20~30s，要避免过振产生离析。一般每点振捣时间视混凝土表面呈水平不再显著下沉，不再出现气泡，表面泛出灰浆为准。当采用插入式振捣器时，捣实普通混凝土的移动间距，不宜大于振捣器作用半径的 1.5 倍。

4. 混凝土养护

(1) 对于梁板等水平构件采用覆盖浇水养护

在平均气温高于+5℃的自然条件下，用覆盖材料对混凝土表面加以覆盖并浇水养护，使混凝土在一定时间内保持水化作用所需要的适当温度和湿度条件。

(2) 对于墙体混凝土采用薄膜养生液养护

薄膜养生液养护是将可成膜的溶液喷洒在混凝土表面上，溶液挥发后在混凝土表面结成一层薄膜，使混凝土表面与空气隔绝，封闭混凝土中的水分不再被蒸发，而完成水化作用。

梁柱拆模后及时用塑料薄膜进行覆盖养护，防止脱水太快混凝土开裂；养护时间不少于 7d，掺加早强剂的不少于 14d。混凝土施工完后，要注意成品保护，20h 内不得上人操作。

### 11.2.4.5 砌体工程

1. 工艺流程：抄平→放线→焊墙体拉接筋→立皮数杆（划线）→摆砖→盘角→挂线→砌筑。

2. 凡楼板基层标高偏差大于 20mm 的，提前用 C20 细石混凝土找平。

3. 放线：外墙放轴线，内墙放边线，将皮数杆固定在柱身或在柱身划线。

4. 焊墙体拉接筋：根据标高控制线和皮数杆确定拉结筋位置，与原主体施工时预埋件焊接，若有偏差，根据现场情况采用植筋的措施补救。

5. 砖浇水：机砖必须在砌筑前一天浇水湿润（加气混凝土、陶粒混凝土提前两天），以水浸入四边 1.5cm 为宜，含水率为 10%～15%。

6. 排砖撂底：摆砖应注意搭接及门窗洞口，每层砌块墙体下部 0.3m 设砖防潮，防潮砌体双面挂线，其余砌体反手挂线，卫生间等有防水要求的房间需做混凝土反沿。填充墙的墙体底部、顶部其他部位不得随意与其他块材混砌。

7. 留槎：槎子必须平直、通顺、隔墙与纵墙不同时砌筑时，留阳槎，加预留拉结筋、施工洞口上必须设置过梁，沿墙高预埋拉墙钢筋，隔墙顶端按设计要求塞实处理。

8. 墙体拉结筋：墙体拉结筋沿墙高每 500mm 设置一道，贯通设置，与主体预留、经上述第 4 条处理的墙体拉结筋绑扎连接，不得错放、漏放。

9. 砌筑砂浆：现场搅拌，搅拌时严格按试验室出据的配比单进行，砂子等原材料严格进行计量控制。

### 11.2.4.6 装饰装修工程

1. 内装修工程的施工程序

放线→安装门窗口、各专业主管道安装→墙面冲筋→门窗口塞缝→墙面抹灰→楼地面→门、窗扇安装→油漆、粉刷→清理卫生。

2. 一般抹灰工程

(1) 施工准备

1) 结构工程经相关部门质量验收合格，并弹好+50cm 水平线。

2)抹灰施工用水及养护用水从现场临水平面布置图上就近支管上接。

3)内外墙抹灰用脚手架、脚手板、安全防护设施设置完毕,注意架子离开地面200~250mm。

4)墙体表面的灰尘、污垢和油渍等清除干净,并洒水湿润。砖墙在抹灰前一天浇水湿透,陶粒空心砖砌块墙提前两天浇水湿润,每天两遍以上;混凝土墙体抹灰前一天浇水湿润,抹灰时再用毛刷淋水或喷水湿润(视天气情况现场控制)。

5)混凝土墙体表面凸出部分剔平;蜂窝、麻面、疏松部分等剔除到实处后,用1:2.5水泥砂浆分层补平。外露钢筋头和铅丝头等清除掉。脚手架眼等孔洞填堵严密;蜂窝、凹洼、缺棱掉角处,应填补抹平。

6)混凝土墙体浇水湿润后,用扫帚甩上一层1:1:3(体积比)=水泥:界面剂:砂子的水泥砂浆,甩点要均匀,终凝后浇水养护,直到水泥砂浆疙瘩全部粘满混凝土光面上,并有较高强度(用手掰不动)为止。

7)两种材料的墙体(混凝土墙体与砖墙、混凝土墙体与陶粒混凝土墙体等)相接处墙体表面抹光前,先铺钉5mm×5mm的钢丝网,并绷紧牢固,钢丝网与各墙体的搭接宽度各为300mm。

8)抹灰前必须将管道穿越的墙洞和楼板洞及时安放套管并用1:3水泥砂浆或豆石混凝土填嵌密实,散热器和密集管道等的墙面抹灰,宜在散热器和管道安装前进行,抹灰面接槎顺平。

9)抹灰前,检查门窗框位置是否正确,与墙体连接是否牢固。连接处缝隙用1:3水泥砂浆分层嵌塞密实,若缝隙过大,在砂浆中加入少量麻刀。无副框的木门窗框先用塑料薄膜包裹,再钉1500mm高的木条加以保护。

10)抹灰前检查基体表面的平整,并在大角的两面、阳台的两侧弹出抹灰层的控制线,作为打底的依据。

(2)抹灰砂浆

抹灰砂浆经过严格计量并拌制其配合比和稠度等经检查合格后,方可使用。水泥砂浆,必须在初凝前使用完毕。

水泥使用前必须按照规范要求做复试,如果出厂日期超过3个月时,应复查试验,并按试验结果使用。不合格产品坚决退场,严禁使用废品水泥。

砂采用中砂,含泥量不大于3‰(试验报告中必须反映),并不得含有草根及其他有机物等有害杂质,使用前根据使用要求过不同孔径的筛子。

(3)施工工艺流程

门窗四周堵缝→墙面清理粉尘、污垢→浇水湿润墙体→吊直、套方、找规矩、贴灰饼→作护角→抹水泥窗台板→抹底层及中层灰→粘分格条→抹面层水泥砂浆。

(4)技术措施

1)吊垂直、套方、找规矩、贴灰饼。抹底层灰前必须先找好规矩,即外墙大角垂直,墙面横线找平,立线顺直。贴灰饼时先在左右墙角上各做一个标准饼,然后用线锤吊垂直线做墙下角两个标准饼,设在勒脚线上口(内墙抹灰时,上灰饼做到1.8m高处,下灰饼做到踢脚板上口,用托线板找好垂直,下灰饼也可作为踢脚板依据），再在墙角左右两个标准饼之间拉通线，做中间灰饼，间距500mm，门窗口阳角等处上下增设灰饼。

2）抹水泥砂浆窗台板。先把窗台基层清理干净，把破坏的和松动的砖重新用水泥砂浆修复好。用水浇透，然后用1∶2∶3豆石混凝土铺实，厚度不薄于25mm。次日用1∶1∶3的水泥砂浆抹面，压实压光，养护2~3d。下口要求平直，不得有毛刺。

3）抹底层及中层砂浆。在墙体湿润的情况下底层灰，先刷水泥浆一遍，随刷随抹底层灰。底层灰采用1∶3水泥砂浆，厚度为5~7mm，待底层灰稍干后，再以同样砂浆抹中层灰，厚度7~9mm。若中层灰过厚，则应分遍涂抹。然后以灰饼为准，用压尺刮平找直，用木抹板搓毛。中层灰抹完搓毛后，全面检查其垂直度、平整度、阴阳角是否方正、顺直、发现问题及时修补（或返工）处理，对于后做踢脚线的上口及管道背后位置等及时清理干净。

4）抹面层砂浆。中层砂浆抹好第二天，即可抹面层砂浆。首先将墙面淋湿，按图纸规定尺寸弹分格线，粘专用分格条、滴水槽条，抹面层砂浆。面层用1∶2.5水泥砂浆，厚度7~8mm。抹时先薄薄的刮一层使其与底灰粘牢，紧跟着抹第二道，与分格条抹平。并用大杠横竖刮平，木抹子搓平，铁抹子溜光压实。待表面无明水后，用刷子蘸水按垂直地面的同一方向，轻刷一遍，以保证面层抹灰面的颜色均匀一致，避免减少收缩裂缝。

3. 外墙外保温工程

（1）施工准备

材料进场必须严格进行验收并办理验收手续，先做样板墙，经验收合格后才能大面积展开施工；聚苯板粘贴必须先做拉拔实验，经甲方、监理验收合格后进行下道工序施工。每道工序必须严格检查，做自检和验收记录并办理签字手续。

外墙和外门窗口施工及验收完毕，基面洁净无突出部分。

（2）操作工艺

工艺流程：基层处理→粘贴聚苯板→聚苯板打磨→涂抹面胶浆→铺压玻纤网→涂抹面胶浆→嵌密封膏→验收。

基层墙体必须清理干净，墙表面没有油、浮尘、污垢等污染物或其他妨碍粘结的材料，并剔除墙面的凸出物，凹陷部分用聚合物砂浆修补平整，外墙脚手眼封堵严密。

4. 水泥砂浆地面

工艺流程：

基层处理→找标高、弹线→洒水湿润→抹灰饼和标筋→搅拌砂浆→刷水泥浆结合层→铺水泥砂浆面层→木抹子搓平→铁抹子压第一遍→第二遍压光→第三遍压光→养护。

（1）基层处理：先将基层上的灰尘扫掉，用钢丝刷和錾子刷净、剔掉灰浆皮和灰渣层，用10％的火碱水溶液刷掉基层上的油污，并用清水及时将碱液冲净。

(2) 找标高弹线：根据墙上的+50cm水平线，往下量测出面层标高，并弹在墙上。

(3) 洒水湿润：用喷壶将地面基层均匀洒水一遍。

(4) 抹灰饼和标筋（或称冲筋）：根据房间内四周墙上弹的面层标高水平线，确定面层抹灰厚度（不应小于20mm），然后拉水平线开始抹灰饼（5cm×5cm），横竖间距为1.5～2.00m，灰饼上平面即为地面面层标高。

(5) 搅拌砂浆：水泥砂浆的体积比宜为1:2（水泥:砂），强度等级不应小于M15。

(6) 刷水泥浆结合层：在铺设水泥砂浆之前，应涂刷水泥浆一层随刷随铺面层砂浆。

(7) 铺水泥砂浆面层：涂刷水泥浆之后紧跟着铺水泥砂浆，在灰饼之间（或标筋之间）将砂浆铺均匀，然后用木刮杠按灰饼（或标筋）高度刮平。

(8) 木抹子搓平：木刮杠刮平后，立即用木抹子搓平，从内向外退着操作，并随时用2m靠尺检查其平整度。

(9) 铁抹子压第一遍：木抹子抹平后，立即用铁抹子压第一遍，直到出浆为止，如果砂浆过稀表面有泌水现象时，可均匀撒一遍干水泥和砂（1:1）的拌合料（砂子要过3mm筛），再用木抹子用力抹压，使干拌料与砂浆紧密结合为一体，吸水后用铁抹子压平。如有分格要求的地面，在面层上弹分格线，用劈缝溜子开缝，再用溜子将分缝内压至平、直、光。上述操作均在水泥砂浆初凝之前完成。

(10) 第二遍压光：面层砂浆初凝后，人踩上去，有脚印但不下陷时，用铁抹子压第二遍，边抹压边把坑凹处填平。

(11) 第三遍压光：在水泥砂浆终凝前进行第三遍压光（人踩上去稍有脚印），铁抹子抹上去不再有抹纹时，用铁抹子把第二遍抹压时留下的抹纹压平、压实、压光。

(12) 养护：地面压光完工后24h，铺锯末或其他材料覆盖洒水养护，保持湿润，养护时间不少于7d，当抗压强度达5MPa才能上人。

(13) 抹踢脚板：根据设计图规定墙基体有抹灰时，踢脚板的底层砂浆和面层砂浆分两次抹成。墙基体不抹灰时，踢脚板只抹面层砂浆。

5. 地砖楼地面

(1) 施工工艺流程

基层处理→弹线→预铺→铺贴→勾缝→清理→成品保护→分项验收。

(2) 操作工艺

1) 基层处理：将尘土、杂物彻底清扫干净，不得有空鼓、开裂及起砂等缺陷。

2) 弹线：施工前在墙体四周弹出标高控制线，在地面弹出十字线，以控制地砖分隔尺寸。

3) 预铺：首先应在图纸设计要求的基础上，对地砖的色彩、纹理、表面平整等进行严格的挑选,然后按照图纸要求预铺。

4) 铺贴:铺贴前地砖背面应湿润,需正面阴干为宜。把地砖按照要求放在水泥砂浆上,用橡皮锤轻敲地砖饰面直至密实平整达到要求。

5) 勾缝:地砖铺完后24h进行清理勾缝,勾缝前应把地砖缝隙内杂物擦净,用1:1水泥砂浆勾缝。

6) 清理:当水泥浆凝固后再用棉纱等物对地砖表面进行清理(一般在12h之后)。

6. 墙面、顶棚涂料施工

(1) 施工工艺流程

基层处理→刮腻子→灯光斜照、砂纸打磨→找补腻子→砂纸打磨→涂刷头遍涂料→找补腻子→砂纸打磨→涂刷两至三遍涂料→成品保护→验收。

(2) 操作工艺

1) 基层处理:首先检查原墙的平整度、垂直度,保证基层平整干净。

2) 刮腻子:在清理完的墙面刮2~3遍腻子,每道腻子之后用砂纸打磨,采用灯光斜照批腻子的方法以保证墙面的平整度。

3) 涂料涂刷:涂刷施工之前将门框、套、木制墙面等处加以保护,以免污染。涂刷:第一遍时,操作用力要均匀,保证不漏刷。第一遍涂料涂刷后将局部不平整处打磨,然后涂刷第二遍、第三遍涂料,饰面施工完后注意成品保护。

7. 防水工程

(1) 屋面施工流程

基层清理→检查基层含水率→铺贴附加层→铺贴卷材→封边处理→蓄水试验→施工保护层。

施工要点:

1) 贴附加层:对于阴、阳角、管道根部以及变形缝等部位应做增强处理。

2) 铺贴卷材。

弹线试铺:先在已经处理好并干燥的基层表面,按照卷材的宽度留出搭接缝尺寸并弹好基准线。两幅卷材搭接长度,长边不应小于100mm,短边不应小于150mm,上下两层相邻两幅卷材接缝应错开1/3幅宽,上下层卷材不得相互垂直铺贴,在底板上卷材接缝距墙根应大于600mm。

(2) 卫生间等防水工程

本工程卫生间等采用防水涂料。

施工流程:

基层清理→配料→涂料施工→验收→蓄水试验→施工保护层。

施工方法:

1) 基层处理:基层必须平整、牢固、干净、无渗漏。不平处须先找平;渗漏处须先进行堵漏处理;阴阳角应做成圆弧角。涂膜之前先将基层充分湿润。

2) 配料:按规定的比例取料,用搅拌器充分搅拌均匀,并及时用于施工当中。

3) 涂料施工：采用涂刷法进行施工。

4) 验收：防水层不得出现堆积、裂纹、翘边、鼓泡等现象；涂层厚度不得低于设计厚度。

5) 蓄水试验：涂层完全干固后方可进行蓄水试验，一般情况下需48h以上。地沟等蓄水24h不渗漏为合格。

**11.2.4.7 主要机具装备**

土方工程开挖选用反铲挖土机一台，配备自卸汽车6台运土，现场机械设备的配置对保证施工进度、提高功效至关重要，根据工程特点，主要设备配置按以下方式：

1. 垂直运输设备

因本工程为新建工程，且占地面积大，垂直运输设置一台QTZ40塔吊，另配备一辆37m汽车泵配合混凝土垂直运输。

2. 主要机具装备

见本篇表13-4。其他未计划的机械设备到租赁公司进行租赁。

**11.2.4.8 技术组织措施**

1. 质量保证措施

（1）结构工程保护措施

1) 定位、轴线引桩、水准点不得碰撞，要用混凝土浇筑保护，对道路、管线应进行加固并注意观测检查。

2) 回填土防止铺填超厚或灰土配合比不准确，回填完后防止雨淋、浸泡。

3) 运输模板慢运轻放，不准碰撞已完成的结构，并注意防止变形，拆模时不得用大锤硬砸或撬棍硬撬，以免损伤混凝土表面的棱角，拆除后发现模板不平或缺损应及时修理，使用中加强管理，分规格堆放，钢模板及时刷防锈漆。

4) 钢筋绑扎完后禁止踩踏，禁止碰动预埋件及洞口模板，安装电管、暖管或其他设施时不得任意切断和碰动钢筋，成型钢筋必须按指定地点堆放，垫好垫木。浇灌混凝土时设专人看管钢筋。

5) 钢筋焊接后不准砸钢筋接头，不准往刚焊好的接头上浇水。焊接时搭好架子，不准踩踏其他已绑好的钢筋。

6) 浇筑混凝土要保证钢筋和垫块位置正确，不得踏楼板、楼梯的弯起钢筋，不碰动预埋件和锚筋，不在梁或楼梯踏步模板吊绑上蹬踩，应搭设跳板，保证牢固和严密，已浇筑楼板、踏步上表面混凝土要加以保护，须在混凝土强度达到1.2MPa后方可在上面进行操作。

7) 砌砖砂浆稠度应适宜，其他工种操作时应避免碰撞已砌墙体，墙体预埋件、门口木砖、预留铁件应注意保护，不得任意的拆改或损坏。

（2）装修及安装工程保护措施

装修阶段，需防止后期装修作业对前期结构的破坏，对装修过程中需与原结构进行连接处理的，要认真处理连接节点，各施工人员在没有技术人员的技术交底情况下，无权对结构进行连接处理。

1）装饰用成品、半成品等在装运过程中，要轻装轻放，搭拆脚手架时不要破坏已完工墙面和门窗口角，运输装饰用成品、半成品等物品、砂浆的手推车要平稳行驶，防止碰撞墙体。

2）对暖卫、电气管线及其预埋件，要注意保护不得碰撞损坏，设备槽孔以预留为主，尽量减少剔凿，不得乱剔硬凿，水电剔凿必须技术员同意方可进行，如造成墙体砌块松动，必须进行补强处理。

3）抹灰时注意保护门窗框，尽量不要把砂浆抹到上面，如果门窗框处抹了少量砂浆应及时清理干净，铝合金门窗上的砂浆等污物要及时清理，并用洁净的棉丝将框擦净。

4）油工刷油漆时应注意油漆范围，不能随处乱抹，桶不要从架子上碰下去，防止污染墙面，且不可蹬踩窗台、损坏棱角。

5）防水层施工后应尽快进行保护层施工，不应长期暴露，更不允许穿钉鞋在上面踩踏和堆放杂物，以防破坏防水层。

6）楼地面施工时，应保护好电器等设备暗管，不得碰撞门框和墙面。

7）不得在已施工好的楼地面上拌制砂浆，地漏、出水口等部位安装好的临时堵头要保护好，防止阻塞和灌入杂物。

8）已完工的地面在上面铺塑料薄膜保护，防止刷漆时污染已完工的地面。

9）楼梯踏步完工后，应用木板或其他材料覆盖保护，以防损伤楞角，运送材料禁止从已完工的楼梯进行。

10）饰面砖等材料切割不得在已完工的楼地面上进行，操作时不要把灰浆或板块掉入已安装好的地漏及上下水管内。

11）油漆前首先要清理干净周围环境，防止尘土粘结，油漆刷好后及时把滴在地面、窗台、墙上的油漆擦拭干净，派专人看管，防止碰掉损坏。

12）安装楼梯扶手时，应保护楼梯栏杆和踏步面层不受碰伤，扶手安装后包好免撞击。

13）门在堵缝以前应在与砂浆接触面涂刷防腐剂处理，在门窗安装前及室内外湿作业未完成之前，不能碰坏或撕掉保护膜，铝合金门窗的保护膜应在交工前撕掉，而且不能用力铲，残留砂浆及污物应及时清理干净，用洁净的棉纱揩净。

总之，成品保护工作非常重要，不仅是省工省料的问题，而且是体现施工单位管理人员素质、体现文明施工和确保工程质量的一个很重要的方面。

2. 季节性施工措施

(1) 雨期施工措施

本工程基础与主体均经过雨期，现采取如下措施：

1）工地随时听取天气预报，根据天气变化，妥善安排施工内容采取相应措施。

2）现场的运输道路提前加固，道路碾压密实，雨期设置排水沟，适时针对现场制定合理有效的排水措施，保证现场无积水，各种材料顺利进场。

3) 现场材料设有防雨措施，材料堆放在高于自然地坪 50cm 以上，防止受水浸泡或泥水污染。

4) 根据天气情况随时测定砂、石含水率，及时调整施工配合比。

5) 水泥要防止受潮，上表面铺油毡防潮层，屋面应做防水层。加强水泥库的管理工作。

6) 如遇天气变化，大雨来临时，用塑料布遮盖外表面层强度不够的部位，并应暂时停止施工。

7) 现场电气和机械设备搭设防雨棚或加防雨罩，要有防风、防雷措施。

8) 安全员应加强对用电设施机械设备的检查，以免发生事故。

9) 如大雨过后，应对现场进行检查，发现问题及时处理，检查合格后方可施工。

10) 配电箱及机电设备应有防雨罩。加强用电安全。应定期认真检查电路，消除隐患。雨期电工 24h 值班检查。

11) 土方、混凝土施工要注意天气预报，避开连绵阴雨施工，工地应储备部分塑料薄膜，施工中一旦遇雨，可及时覆盖。

12) 施工中及时掌握天气变化情况，在雨期来临前筛好砂子备用，水泥、白灰膏每天下班前派专人负责苫盖。

13) 做好材料准备，防止雨天不能进料，砂子含水量大不能过筛。雨天施工时，搅拌机手应根据技术人员所给雨期（混凝土、砂浆）调整配合比（砂、石含水量）调整用水量。

14) 准备好雨期施工用机具，如：水泵、胶皮管等。

(2) 冬期施工措施

1) 冬期灌注的混凝土，在遭受冻结之前，采用普通硅酸盐水泥配置的混凝土，其临界抗冻强度不低于设计标号的 30%，C15 及以下的混凝土其抗压强度未达到 5MPa 前，不得受冻。在充水冻融条件下使用的混凝土，开始受冻时的强度不低于设计标号的 70%。

2) 为减少、防止混凝土冻害，选用较小的水灰比和较低的坍落度，以减少拌合用水量，此时可适当提高水泥标号，水泥标号不低于 P·O 42.5。当混凝土掺用防冻剂（外加剂）时，其试配强度较设计强度提高一个等级。在钢筋混凝土中禁止掺用氯盐类防冻剂，以防止氯盐锈蚀钢筋。

3) 冬期施工运输混凝土拌合物时，尽量减少混凝土拌合物热量损失。

4) 混凝土浇筑前，清除干净模板和钢筋上的冰雪和污垢，当环境气温低于 −10℃时，采用暖棚法将直径大于 25mm 的钢筋加热至正温。

5) 混凝土的灌注温度，在任何情况下均不低于 5℃，细薄截面混凝土结构的灌注温度不宜低于 10℃，混凝土分层连续灌注，中途不间断，每层灌注厚度不大于 20cm，并采用机械捣固。

6) 冬期施工接缝混凝土时，在新混凝土浇筑前对结合面进行加热使结合面有 5℃以上的温度，浇筑完成后，及时加热养护使混凝土结合面保持正温，直至浇筑混凝土获得规定的抗冻强度。混凝土采用机械捣固并分层连续浇筑，分层厚度不小于20cm。

7）冬期施工混凝土除按规定制作标准养护的试件外，还根据建筑物养护、拆模和承受荷载的需要，制作施工检查试件，借以查明强度的发展情况。施工检查试件的养护应与建筑物相同。

# 任务 12
# 施工进度计划

根据施工方案及有关施工条件和工期要求等，经调整，制定施工进度计划。本工程横道计划见附表1，网络计划见附图1。

# 任务 13

# 各种资源配置计划

根据施工图纸、施工方案及进度计划,各项资源配置计划见表 13-1～表 13-5。

工程测量仪器配置计划　　　　　　　　　　　　表 13-1

| 序 号 | 设备名称 | 精度指标 | 数量 | 用 途 |
|---|---|---|---|---|
| 1 | 激光经纬仪 | 1/20000 | 1台 | 内控点数项传递 |
| 2 | 50m 钢尺 | 1mm | 1把 | 施工放样 |
| 3 | $S_3$ 水准仪 | 2mm | 1台 | 标高控制 |
| 4 | TDJ2E 电子经纬仪 | 2″ | 1台 | 施工放样 |

工程检测仪器配置计划　　　　　　　　　　　　表 13-2

| 序 号 | 名 称 | 数 量 |
|---|---|---|
| 1 | 砂浆试模 | 4组 |
| 2 | 混凝土试模 | 10组 |
| 3 | 抗渗试模 | 4组 |
| 4 | 坍落度检查筒 | 1个 |
| 5 | 砂浆稠度仪 | 1个 |
| 6 | 环刀 | 5组 |
| 7 | 靠尺 | 5把 |
| 8 | 塞尺 | 5把 |
| 9 | 线锤 | 15个 |
| 10 | 角尺 | 8把 |

**主要材料配置计划**　　　　　　　　　　　　　　　　　　　　　　表 13-3

| 序号 | 名称 | 规格型号 | 单位 | 数量 | 备注 |
|---|---|---|---|---|---|
| 1 | 陶瓷地砖 | 800×800 | m² | 5977.48 | 室内装修前进场 |
| 2 | 钢筋 | Φ20 以内 | t | 144 | 按进度分批进场 |
| 3 | 钢筋 | Φ10 以内 | t | 124 | 按进度分批进场 |
| 4 | 钢筋 | Φ20 以外 | t | 59 | 按进度分批进场 |
| 5 | 商品混凝土 | C30 | m³ | 2120 | 按进度进场 |
| 6 | 加气混凝土砌块 | | m³ | 1134 | 按进度分批进场 |
| 7 | 面砖 | 240×60 | m² | 3364 | 按进度分批进场 |
| 8 | 陶瓷地砖 | 500×500 | m² | 1025 | 按进度分批进场 |
| 9 | 轻钢龙骨不上人型（平面） | 600×600 | m² | 5735 | 按进度分批进场 |
| 10 | 花岗岩板 | 500×500 | m² | 19 | 按进度进场 |
| 11 | 大理石板 | 500×500 | m² | 92 | 按进度进场 |
| 12 | 聚苯乙烯塑料板（30mm厚） | 55mm 厚 | m² | 3749 | |
| 13 | 水泥 | 32.5（砂浆用） | t | 248 | 按进度分批进场 |
| 14 | 瓷砖 | 200×200 | m² | 642 | 按进度分批进场 |
| 15 | 普通石膏板 | 500×500×9 | m² | 5934 | 按进度分批进场 |
| 16 | 高聚物改性沥青防水卷材 | 1.0×12m | 卷 | 120 | 使用前 15d 进场 |
| 17 | 成型塑钢门窗框 | 见门窗表 | 樘 | 402 | 按进度分批进场 |

**拟投入的主要施工机械设备**　　　　　　　　　　　　　　　　　　表 13-4

| 序号 | 机械或设备名称 | 规格型号 | 数量（台） | 额定功率（kV） | 生产能力 | 用于施工部位 | 进场时间 |
|---|---|---|---|---|---|---|---|
| 1 | 自卸汽车 | CCJ3235P1K2 | 6 | | 90m³/台班 | 基础 | 08-2-20 |
| 2 | 塔吊 | QTZ40 | 1 | 36 | 60 次/d | 基础主体 | 08-2-23 |
| 3 | 混凝土汽车泵 | 臂长 37m | 1 | | 200m³/台班 | 基础主体 | 08-2-20 |
| 4 | 混凝土运输车 | HTM704 | 6 | | 7m³/车 | 基础主体 | 08-2-20 |
| 5 | 电焊机 | BX1-315 | 4 | 13.2 | 正常 | 基础主体 | 08-2-20 |
| 6 | 滚压直螺纹设备 | CABR/M | 2 | 3 | 100 个/d | 基础主体 | 08-2-20 |
| 7 | 钢筋切断机 | GT6/8 | 1 | 3 | 正常 | 基础主体 | 08-2-20 |
| 8 | 钢筋弯曲机 | GW40 | 1 | 3 | 正常 | 基础主体 | 08-2-20 |
| 9 | 卷扬机 | JJK-1 | 1 | 3 | 正常 | 基础主体 | 08-2-20 |
| 10 | 木工圆锯机 | MJ104 | 2 | 3 | 正常 | 基础主体 | 08-2-20 |
| 11 | 插入式振捣器 | HZ650 | 6 | 1.2 | 正常 | 基础主体 | 08-2-20 |
| 12 | 平板振捣器 | PZ50 | 2 | 5 | 正常 | 基础主体 | 08-2-20 |
| 13 | 蛙式打夯机 | DHJ | 8 | 3 | 30m³/台班 | 基础主体 | 08-2-20 |
| 14 | 木工平刨机 | MB106 | 1 | 3 | 正常 | 基础主体 | 08-2-20 |

续表

| 序号 | 机械或设备名称 | 规格型号 | 数量（台） | 额定功率（kV） | 生产能力 | 用于施工部位 | 进场时间 |
|---|---|---|---|---|---|---|---|
| 15 | 水泵 | QS70-30/2 | 2 | 6 | | 基础主体 | 08-2-20 |
| 16 | 电动砂轮切割机 | SQ-40 | 2 | 3 | | 基础主体装修 | 08-2-20 |
| 17 | 台钻 | EQ3025 | 3 | 2 | | 装修 | 08-2-20 |
| 18 | 手电钻 | JIZ-19 | 3 | 2 | | 装修 | 08-2-20 |
| 19 | 电锤 | ZIC-26 | 2 | 2 | | 主体、装修 | 08-2-20 |
| 20 | 搅拌机 | JZC352 | 2 | 5 | 100m³/d | 基础主体装修 | 08-2-20 |

劳动力配置计划　　　　　　表 13-5

| 序号 | 工种名称 | 需要量（人数） | | | | | | | | | | | | | | | |
|---|---|---|---|---|---|---|---|---|---|---|---|---|---|---|---|---|---|
| | | 2月 | 3月 | | | | 4月 | | | 5月 | | | 6月 | | | 7月 | | | 8月 | | | 9月 |
| | | 下旬 | 上旬 | 中旬 | 下旬 | 全月 | 上旬 | 中旬 | 下旬 | 上旬 | 中旬 | 下旬 | 上旬 | 中旬 | 下旬 | 上旬 | 中旬 | 下旬 | 上旬 |
| 1 | 木工 | | 15 | 50 | 68 | 68 | 68 | 68 | 68 | 12 | 12 | 12 | 12 | 12 | 24 | 24 | 12 | 12 | |
| 2 | 瓦工 | | 26 | 26 | | | | | | 25 | 25 | | | | | | | | |
| 3 | 钢筋工 | | 20 | 15 | 44 | 44 | 44 | 44 | 44 | | | | | | | | | | |
| 4 | 混凝土工 | 16 | 44 | 20 | 75 | 75 | 75 | 75 | 75 | | | | | | | | | | |
| 5 | 机械工 | 8 | 8 | 8 | 10 | 10 | 10 | 10 | 10 | 5 | 5 | 5 | 5 | 5 | 5 | 5 | 5 | | |
| 6 | 架子工 | | | 15 | 15 | 15 | 15 | 15 | | | | | | | | | | | |
| 7 | 抹灰工 | | | | | | | | | 27 | 25 | 120 | 120 | 95 | 95 | 60 | | 15 | 15 |
| 8 | 油工 | | | | | | | | | | | | | | | 20 | 20 | 20 | |
| 9 | 防水工 | | | | | | | | | 18 | | | | | | | | | |
| 10 | 普工 | 25 | 25 | | | | | | | | | | | | | | | | |
| 11 | 其他 | 10 | 10 | 15 | 15 | 15 | 15 | 15 | 15 | 15 | 20 | 20 | 20 | 20 | 20 | 20 | 15 | 10 | 10 |

# 任务 14

# 主体施工阶段现场平面布置图

本工程采用商品混凝土，主体施工阶段现场不需要设混凝土搅拌站及砂石堆场。

## 14.1 起重运输机械位置的确定

基础回填土进行完毕，即可在建筑物的北面安装一台 QTZ40 型固定式塔吊。

## 14.2 各种作业棚、工具棚和材料的布置

### 14.2.1 钢筋棚及钢筋堆场

每个钢筋工需作业棚 $3m^2$，堆场面积为其 2 倍，因此，按高峰时钢筋工人数 44 人计算，需钢筋棚 $3×44=132m^2$，堆场 $132×2=264m^2$。

因现场场地较狭小，故钢筋调直、切断、弯曲均设置在场地外进行。按施工进度现场只设置钢筋半成品加工场地及成品钢筋堆场。

### 14.2.2 模板脚手架堆场

配备 3 套模板和适量的周转材料，选择 1 台锯木机用于模板加工。在场地外进行，现场只设置模板和脚手架堆放。因为模板主要是组合钢模板，根据进度要求进场，对脚手架和组合钢模板现场加工的主要工作是，修理和清洁及少量的木

加工，处理后的模板和脚手架成品按规格分散堆放在建筑物的北面的空地及模板加工的位置，模板及脚手架堆场为：$4 \times 30 = 120 m^2$，脚手架等周转性材料的堆场为 $6 \times 14 = 84 m^2$。

### 14.2.3 砌块堆场

因钢筋混凝土框架主体施工结束后，再进行墙体的砌筑，故先期堆放钢筋的场地，后期可堆放砌块。

## 14.3 临时设施

办公室：按 10 名管理人员考虑，每人 $3 m^2$，则办公室面积 $3 \times 10 = 30 m^2$。
工人宿舍：主体施工阶段最高峰人数为 150 名，由于建设单位已提供了 140 个床位的工人宿舍，因此现场还需搭设 10 名工人宿舍，每人 $3 m^2$，则工人宿舍面积为 $3 \times 10 = 30 m^2$，按 $3 \times 10 = 30 m^2$
现场只设简易食堂。
厕所面积：$8 m^2$，按 $1.5 \times 4.8 = 7.2 m^2$

## 14.4 利用原有道路作为临时道路

## 14.5 临时供水、供电

### 14.5.1 供水

供水线路按枝状布置，根据现场总用水量要求，总管直径 100mm，支管直径取 40mm。

### 14.5.2 供电

直接利用建筑物附近建设单位的变压器。现场设一配电箱，通向塔吊的电缆线埋地设置。
根据以上计算结果绘制施工平面图（图 14-1）。

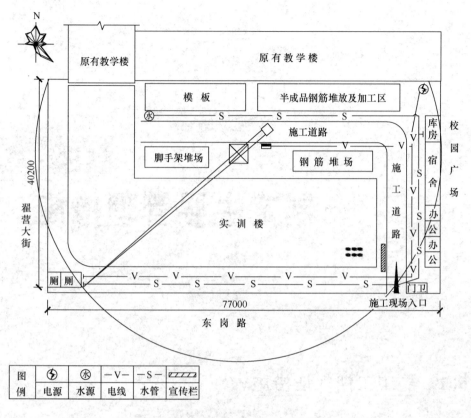

图 14-1 主体施工阶段施工平面图

# 任务 15
# 制定主要管理措施

## 15.1 施工工期保证措施

根据我公司承建同类工程的经验，自开工之日起 220 个日历天能够全面完成标书范围内的工程任务内容。我们拟采取以下措施保证及缩短工期。

### 15.1.1 生产要素控制

#### 15.1.1.1 组织措施

组成精干、高效的项目班子，确保指令畅通、令行禁止；同甲方、监理工程师和设计方密切配合，统一指导施工，统一指挥协调，对工程进度、质量、安全等方面全面负责，从组织形式上保证总进度的实现。

选派施工经验丰富的技术工人，人员按两班配备，关键工序 24h 连续作业。

针对本工程工期紧，施工队伍多的特点，将工程划分为两个施工段，形成平面上的交叉作业，有利于缩短工期。

建立生产例会制度，每天召开工程例会，围绕工程的施工进度、工程质量、生产安全等内容检查上一次例会以来的计划执行情况。做好施工配合及前期施工准备工作，拟定施工准备计划，专人逐项落实，确保后勤保障工作的优质、高效。

#### 15.1.1.2 技术措施

针对本工程的特点，采用长计划与短计划相结合的多级网络计划进行施工进度计划的控制与管理，并利用计算机技术对网络计划实施动态管理。采用成熟的

"四新"技术，向科技要速度。

**15.1.1.3　材料保证措施**

关键材料和特殊材料应提前将样品报送工程管理方审批，在工程管理方认可后订货采购，材料提报要有足够余数；材料的场内运输、保存、使用按最小的方式进行，尽量减少由于材料未及时订货或到货、性能与规格有误、品质不良、数量不足等给工程进度造成的延误。屋面卷材应提前三天以上进场。

**15.1.1.4　机械设备保证措施**

1. 在设备的配备中充分考虑了贮备和富余量。

2. 为保证施工机械在施工过程中运行的可靠性，我们还将加强管理协调，同时采取以下措施：

（1）加强对设备的维修保养，对机械零部件的采购贮存；落实定期检查制度。

（2）为保证设备运行状态良好，备齐两套常用设备配件，现场长驻一套维修班子，确保发生故障在 2h 内修复。

**15.1.1.5　相邻工程施工互相影响的进度保证措施**

我公司会与周围工程施工单位搞好协调，积极主动与其达成共识，互相协助对方需要对方协助的问题，相互之间紧密配合，使各自的工程施工进展顺利。

### 15.1.2　过程控制

1. 加强过程进度、质量控制，坚持施工工序旁站制、三检制、样板制的实施。施工过程中引入"下一道工序是用户"的服务理念，做到不返工，一次成优。

2. 加强管理人员的工程预见性。根据设计图纸、规范、气候条件以及同类工程的施工经验，提前做好预见预控工作。

3. 在雨期施工期间除了制定有针对性的防洪防汛措施外，根据未来阶段性天气预报，合理安排施工部位、施工项目施工。

4. 遵循"小流水、快节奏"的原则合理划分施工流水段，在保证安全的前提下，充分利用施工空间，进行结构、砌筑、外装修、屋面、安装、内装修等立体交叉，全方位作业，在施工安排上节约工期。

5. 根据需要不定期召开工程碰头会，落实材料、机械设备劳务人员的供应情况，严格按计划跟踪管理。

### 15.1.3　计划控制

1. 资源配置计划：提前编制劳动力、机械设备、材料、成品半成品配置及加工订货、进场使用计划，并分别组织专人负责落实，保障施工。

2. 技术质量保障计划：提前制定各类技术方案、技术措施、质量管理措施的编制计划，计划中明确完成人、完成时间，及时有力地为施工生产提供技术保障。

3. 对施工计划进行动态管理，根据施工现场的实际情况，及时调整各分项的进度计划，解决实际问题，最终使整体施工计划得到实现。

4. 资金计划：根据资源、进度计划编制资金使用计划，使业主提前运作，为施工顺利进行提供资金保障。

### 15.1.4 管理控制

1. 精心策划，优化方案，有预见性的处理好本工程与周边单位、居民的关系。

2. 周密计划、超前预测、科学组织、严格管理，加强和强化各专业之间的协调，使整个工程统一指挥、互相配合、互相支持、压缩施工工期。

3. 优化雨期施工方案，提前备料，有效利用施工工期。

4. 定期召开现场生产调度会，发现问题及时解决，提高工作效率，缩减非施工占用的时间。

## 15.2 安全生产技术组织措施

我公司在施工中，将始终贯彻"安全第一、预防为主"的安全生产工作方针，认真执行国务院、住房和城乡建设部关于建筑施工企业安全生产管理的各项规定，强化安全生产管理，通过组织落实、规章制度落实、措施落实、责任到人、定期检查、认真整改，杜绝死亡事故，确保无重大工伤事故，严格控制轻伤频率在6‰以内。

### 15.2.1 制定安全管理制度

1. 安全技术交底制：根据安全措施要求和现场实际情况，相关管理人员需亲自逐级进行书面交底，确保交底直至作业员工。

2. 班前检查制：专业责任技术负责人和有关管理人员必须监督和检查施工方法，分项专业施工对安全防护措施是否进行了检查。

3. 作业与维护架体、模板工程、大中型机械设备安装实行验收制：凡不经验收的一律不得投入使用。

4. 定期检查与隐患整改制：经理部每周要组织一次安全生产检查，对查出的安全隐患制定措施，定时间，定人员整改，并做好安全隐患整改消项记录。

5. 执行安全生产奖罚制度与事故报告制

（1）危急情况停工制：一旦出现危及职工生命安全险情，要立即停工，同时报告公司，及时采取措施排除险情。

（2）持证上岗制：特殊工种必须持有上岗操作证，严禁无证上岗。

附：我公司以前承建工程所采取的安全措施图片（图15-1、图15-2）。

图 15-1 现场安全警示牌

图 15-2 安全出口指示牌

### 15.2.2 制定安全防范措施

#### 15.2.2.1 专项安全防范措施

1. 钢筋工程

（1）冷拉钢筋时，卷扬机前应设防护挡板，或将卷扬机与冷拉方向成90°角，且应用封闭式的导向滑轮，沿线须设围栏禁止人员通行。冷拉钢筋应缓慢均匀，发现锚具异常，要先停车，放松钢筋后，才能重新进行操作。

（2）切断钢筋，要待机械运转正常，方准断料。活动刀片前进时禁止送料。

（3）切断机旁应设放料台，机械运转时严禁用手直接靠近刀口附近清料，或将手靠近机械传动部位。

（4）严禁戴手套在调直机上操作。

（5）弯曲长钢筋，应有专人扶住，并站在钢筋弯曲方向外侧。

（6）点焊操作人员应戴护目镜和手套，并站在绝缘地板上操作。

（7）对接焊钢筋（含端头打磨人员）应戴护目镜，在架子上操作须系安全带。

（8）多人运送钢筋时，起、落、转、停，动作要一致，人工上下传递不得在同一垂直线上，钢筋要分散堆放，并做好标示。

（9）起吊钢筋或骨架，下方禁止站人，待钢筋或骨架降落至安装标高1m以内方准靠近，并等就位支撑好后，方准摘钩。

2. 模板工程

（1）模板的安装

1）支模应按工序进行，模板没有固定前，不得进行下道工序。

2）支设4m以上的柱模板时，应搭设工作台，不足4m的，可使用马凳操作，不准站在柱模上操作，更不许利用拉杆、支撑攀登上下。

3）五级以上大风、大雾等天气时，应停止模板的吊运作业。

（2）模板的拆除

1）拆除时应严格遵守"拆模作业"的要点规定；

2）工作前应事先检查所使用的工具是否牢固，扳手等工具必须用绳系在身上，工作时要思想集中，防止钉子扎脚或工具从空中滑落；

3) 已拆除的模板、拉杆、支撑等应及时运走或妥善堆放；

4) 在楼面上有预留洞时，应在模板拆除后，随时将板的洞盖严及做好安全防护；

5) 拆除板、柱、梁、模板时应注意：拆模顺序应为后支的先拆，先支的后拆，先拆非承重部分，后拆承重部分。重大复杂模板的拆除，事先要制定拆模方案。定型模板，特别是组合式钢模板，要加强保护，拆除后逐块传递下来，不得抛掷，拆后清理干净，板面涂刷脱模剂，分类堆放整齐，以利再用。

3. 混凝土工程

(1) 浇捣混凝土操作，应站在脚手架上操作，不得站在模板或支撑上操作，操作时应戴绝缘手套，穿胶鞋。

(2) 泵车下料胶管、料斗都应设牵绳。

(3) 用输送泵输送混凝土，料管卡子必须卡牢，检修时必须先卸压。清洗料管时，严禁人员正对料管口。

(4) 浇筑雨篷、阳台应有防护设施，以防坠落；

(5) 夜间浇筑混凝土，必须保证足够的照明设备，并做好保护接零。

4. 防水工程

(1) 对有皮肤病、眼病、刺激过敏等人员，不得从事该项作业。施工过程中，如发生恶心、头晕、刺激过敏等症状时，应立即停止操作。

(2) 操作时要注意风向，防止下风方向作业人员中毒或烫伤。

(3) 存放卷材和胶粘剂的仓库和现场要严禁烟火，配备足够的消防器材，如需用明火，必须有防火措施，且应设置一定数量的灭火器材和沙袋。

(4) 屋面周围应设防护栏杆；孔洞应加盖封严，较大孔洞周边设置防护栏杆，并加设水平安全网。

(5) 下雨天气必须待屋面干燥后，方可继续作业，刮大风时应停止作业。

5. 塔吊作业

进入施工作业现场的塔吊司机，要严格遵守各项规章制度和现场管理规定。塔机须确保驾驶室内24h有司机值班。交班、替班人员未当面交接，不得离开驾驶室，交接班时，要认真做好交接班记录。

**15.2.2.2 安全防护**

1. 基础施工

(1) 基坑顶部四周应做挡水矮墙，同时还要设置防护栏杆，且临近坑边1m范围内不得堆放重物。

(2) 基坑内要搭设上下通道，通道两侧必须搭设防护栏杆，坡道面上应铺设防滑条。

2. 脚手架

(1) 所选用的钢管、扣件、跳板的规格和质量必须符合有关技术规定的标准要求。

(2) 确保脚手架结构的稳定和具有足够的承载力。

(3) 要认真处理脚手架地基（如对地基平整夯实，抄平后设置垫木等），确保地基具有足够的承载能力，避免脚手架发生不均匀沉降。

(4) 脚手板要铺满、铺平、不得有探头板。作业层的外侧面应设挡脚板。

(5) 脚手架作业层的下方应绑水平兜网。

(6) 脚手架必须有良好的防电、避雷装置、并应有接地。

(7) 五级以上大风、大雾、大雨或大雪天气暂停脚手架作业。

(8) 脚手架在适当部位设置上下人员用斜道，斜道上应设防滑条，斜道两侧应搭设防护栏杆并设置安全立网封闭。

(9) 脚手架搭设完毕后经有关人员进行验收后方可投入使用。

(10) 现浇楼层柱梁板施工，应搭设足够的脚手架以保证工人安全操作。

(11) 高层脚手架拆除前须有拆除方案。

3. 临边防护

(1) 对临边高处作业，必须设置防护设施，并符合下列规定：

1) 基坑周边、尚未安装栏杆或栏板的阳台、料台与挑平台周边、雨篷与挑檐边、无外脚手架的屋面与楼层、水箱周边等处，都必须设置防护栏杆。

2) 分层施工的楼梯口和楼梯边，必须安装临时护栏。顶层楼梯口应随工程结构进度安装正式防护栏杆。

3) 施工外用电梯和脚手架等与建筑物通道的两侧边，必须设防护栏杆。地面通道上部应设安全防护棚。

4) 各种垂直运输接料平台，除两侧必须设防护栏杆外，平台口应设置安全门或活动防护栏杆。

(2) 临边防护栏杆杆件的规格及连接要求，应符合下列规定：

1) 钢筋横杆上杆直径不应小于 16mm，下杆直径不应小于 14mm，栏杆柱直径不应小于 18mm，采用电焊或镀锌钢丝绑扎固定。

2) 钢管横杆及栏杆柱均应采用 $\Phi 48 \times (2.75 \sim 3.5)$ mm 的管材，以扣件固定。

(3) 搭设临时防护栏杆，必须符合下列规定：

1) 防护栏杆应由上下两道横杆及栏杆柱组成，上杆离地高度为 1.0~1.2m，下杆离地高度为 0.5~0.6m。横杆长度大于 2m 时，必须加设栏杆柱。

2) 栏杆柱的固定应符合下列要求：

① 当在基坑四周固定时，可采用钢管并打入地面 50~70cm 深。钢管离边口的距离不应小于 50 cm。

② 当在混凝土楼面、屋面或墙面固定时，可用预埋件与钢管或钢筋焊牢。

③ 栏杆柱的固定及其与横杆的连接，其整体构造应使防护栏杆在上杆任何处，能经受任何方向的 1000N 外力。

④ 防护栏杆必须自上而下用安全立网封闭，或在栏杆下边设置严密固定的高度不低于 18 cm 的挡脚板。卸料平台两侧的栏杆，必须自上而下加挂安

全立网。

⑤ 当临边的外侧面临街道时，除防护栏杆外，敞口立面必须满挂安全网或其他可靠措施作全封闭处理。

4. 洞口防护

（1）楼面上的所有施工洞口应及时覆盖以防人身坠落，严禁移动盖板（采取预留钢筋网的措施）；进行洞口作业以及在由于工程和工序需要而产生的，使人与物有坠落危险或危及人身安全的其他洞口进行高处作业时，必须按下列规定设置防护设施：

1) 板与墙的洞口，必须设置牢固的盖板、防护栏杆、安全网或其他防坠落的防护设施。

2) 电梯井口必须设固定栅门。电梯井内（管道竖井内）自首层开始支设水平网，以上每隔两层支设一道水平接网，网边与井壁周边间隙不得大于20cm，网底距下方物体或横杆不得小于3m。施工层应搭设操作平台，并满铺跳板。

3) 施工现场通道附近的各类洞口与坑槽边等处，除设置防护设施与安全标志外，夜间还应设红色示警灯。

（2）洞口根据具体情况采取防护栏杆，加盖板、张挂安全网与装栅门等措施时，必须符合下列要求：

1) 楼板、屋面和平台等面上短边尺寸小于25cm但大于2.5cm的孔口，必须用坚实的盖板盖设。盖板应能防止挪动移位。

2) 楼板面等处边长25~50cm的洞口、安装预制构件时的洞口以及缺件临时形成的洞口，可用木板作盖板，盖住洞口。盖板须能保持四周搁置均衡，并有固定其位置的措施。

3) 边长50~150cm的洞口，采用贯穿于混凝土板内的预埋钢筋构成防护网，钢筋网格间距不得大于20cm。

4) 边长150cm以上的洞口，四周设防护栏杆，洞口下设安全平网。

## 15.3 制定文明施工环保管理措施

### 15.3.1 文明施工管理目标

1. 本工程对环境有着较高的要求，作为施工方我们将依据 ISO 14000 环境管理标准，建立环境管理体系，认真贯彻执行住房和城乡建设部、河北省关于施工现场文明施工管理的各项规定。使施工现场成为干净、整洁、安全和合理的文明工地。

2. 鉴于本工程的特点，我们将重点控制和管理现场布置、临建规划、现场文明施工、大气污染、对水污染、废弃物管理、资源的合理使用以及环保节能型材料设备的选用等。在制定控制措施时，考虑对企业形象的影响、环境影响的范围、影响程度、发生频次、社区关注程度、法规符合性、资源消耗、可节约程度以及材料设备对建筑物环保节能效果等。

3. 工作制度：建立并执行施工现场环境保护管理检查制度。

### 15.3.2 文明施工的实施措施

#### 15.3.2.1 现场围挡

1. 围挡的高度按当地行政区域的划分，市区主要路段的工地周围设置的围挡高度不低于2.5m；一般路段的工地周围设置的围挡高度不低于1.8m。

2. 围挡材料应选用砌体，金属板材等硬质材料，禁止使用彩条布、竹笆、安全网等易变形材料，做到坚固、平稳、整洁、美观。

3. 围挡的设置必须沿工地四周连续进行，不能有缺口或个别处不坚固等问题。

#### 15.3.2.2 封闭管理

1. 为加强现场管理，施工工地应有固定的出入口，出入口应设置大门便于管理。

2. 出入口处应有专职门卫人员及门卫管理制度，切实起到门卫作用。

3. 为加强对出入现场人员的管理，规定进入施工现场的人员都应佩戴工作卡以示证明，工作卡应佩戴整齐。

#### 15.3.2.3 施工场地

1. 工地的地面，要硬化处理，使现场地面平整坚实。

2. 施工场地应有循环干道，且保持畅通，不堆放构件、材料，道路应平整坚实，无大面积积水。

3. 施工场地设有良好的排水设施，保证畅通排水。

4. 工程施工的废水、泥浆应经流水槽或管道排入工地集水池统一沉淀处理，不得随意排放和污染施工区域以外的河道、路面。

5. 施工现场的管道不能有跑、冒、滴、漏或大面积积水现象。

6. 施工现场应该禁止吸烟防止发生危险，应该按照工程情况设置固定的吸烟室或吸烟处，吸烟室应远离危险区并设必要的灭火器材。

#### 15.3.2.4 材料堆放

1. 施工现场工具、构件、材料的堆放必须按照总平面图规定的位置放置。

2. 各种材料、构件堆放必须按品种、分规格堆放，并设置明显标牌。

3. 各种物料堆放必须整齐，砖成丁，砂、石等材料成方，大型工具应一头见齐，钢筋、构件、钢模板应堆放整齐，并设置明显标牌。

4. 作业区及建筑物楼层内，应随完工随清理，除现浇混凝土的施工层外，下部各楼层凡达到强度的随拆模随及时清理运走，不能马上运走的必须码放整齐。

5. 各楼层内清理的垃圾不得长期堆放在楼层内，应及时运走，施工现场的垃圾也应分类型集中堆放。

6. 易燃易爆物品不能混放，除现场有集中存放除外，班组使用的零散的各种易燃易爆物品，必须按有关规定存放。

#### 15.3.2.5 现场住宿

1. 施工现场必须将施工作业区与生活区严格分开不能混用。在建工程不得兼作宿舍，因为在施工区住宿会带来各种危险，如落物伤人，触电或内洞口临边防护不严而造成事故，两班作业时，施工噪声影响工人的休息。

2. 冬季住宿应有保暖措施和防煤气中毒措施。炉火应统一设置，由专人管理并有岗位责任。

3. 炎热季节宿舍应有消暑和防蚊虫叮咬措施，保证施工人员有充足睡眠。

4. 宿舍外周围环境好，不乱泼乱倒，应设污物桶、污水池，房屋周围道路平整，室内照明灯具低于2.4m时，采用36V安全电压，不准在36V电线上晾衣服。

#### 15.3.2.6 现场防火

1. 施工现场应根据施工作业条件制定消防制度和消防措施，并记录落实效果。

2. 按照不同作业条件，合理配备灭火器材。灭火器材设置的位置和数量等均应符合有关的消防规定。

3. 施工现场应建立明火审批制度。凡有明火作业的必须经主管部门审批，作业时，应按规定设监护人员；作业后，必须确认无火源危险时方可离开。

#### 15.3.2.7 治安综合治理

1. 施工现场应建立治安保卫制度和责任分工，并有专人负责进行检查落实情况。

2. 治安保卫工作不但是直接影响施工现场安全与否的重要工作，同时也起到维护社会治安的作用，应该措施得利，效果明显。

#### 15.3.2.8 施工现场标牌

1. 施工现场的进口处应有整齐明显的"五牌一图"。五牌是指：工程概况牌、管理人员名单及监督电话牌、消防保卫牌、安全生产牌、文明施工牌；一图是指：施工现场总平面图。

2. 标牌内容应有针对性，标牌制作、标准也应规范整齐，字体工整。

3. 在施工现场的显著位置，设置必要的安全内容的标语。

4. 施工现场设置读报栏、黑板报等宣传园地，丰富学习内容，表扬好人好事。

#### 15.3.2.9 生活设施

1. 施工现场应设置符合卫生要求的厕所，并应有专人负责管理。

2. 食堂建筑、食堂卫生必须符合有关的卫生要求。

3. 食堂应在显著位置张挂卫生责任制并落实到人。

4. 施工现场应按作业人员的数量设置足够使用的淋浴设施，淋浴室在寒冷季节应有暖气、热水，淋浴室应有管理制度和专人管理。

#### 15.3.2.10 保健急救

1. 工地应设医务室，有专职医生值班。

2. 为适应临时发生的意外伤害，现场应备有急救器材，以便及时抢救。

3. 为保障作业人员健康，应在流行病易发季节及平时定期开展卫生防病的宣传教育。

#### 15.3.2.11 社区服务

1. 工地施工不扰民,应针对施工工艺设置防尘和防噪声设施,做到不超标。
2. 按当地规定,在允许的施工时间之外必须施工时,应有主管部门的批准手续,并做好周围居民和单位的工作。
3. 现场不得焚烧有毒、有害物质,应该按照有关规定进行处理。
4. 现场应建立不扰民措施。有责任人管理和检查,或与社区定期联系听取意见,对合理意见应及时处理,工作应有记载。

### 15.3.3 环境保护具体措施

#### 15.3.3.1 防止对大气污染

1. 施工阶段,定时对道路进行淋水降尘,控制粉尘污染。
2. 建筑结构内的施工垃圾清运,采用容器吊运或袋装,严禁随意凌空抛撒,施工垃圾应及时清运,并适量洒水,减少粉尘对空气的污染。
3. 水泥和其他易飞扬物、细颗粒散体材料,安排在库内存放或严密遮盖,运输时要防止遗洒、飞扬,卸运时采取码放措施,减少污染。现场内所有交通路面和物料堆放场地尽量铺设混凝土硬化路面,做到黄土不露天。对预拌混凝土运输车要加强防止遗洒的管理,混凝土卸完后必须清理干净方准离开现场。

#### 15.3.3.2 防止对水污染

1. 确保雨水管网与污水管网分开使用,严禁将非雨水类的其他水排入市政雨水管网。
2. 施工现场厕所设化粪池,将污物经过沉淀后排入市政的污水管线。设罐车冲洗池将罐车清洗所用的废弃水经沉淀后排入市政污水管线,定期将池内的沉淀物清除。
3. 加强对现场存放的油品和化学品的管理,对存放油品和化学品的库房进行防渗漏处理,采取有效措施,在贮存和使用中,防止油料跑、冒、滴、漏污染水体。

#### 15.3.3.3 防止施工噪声污染

1. 现场混凝土振捣采用低噪音混凝土振捣棒,振捣时,不得振动钢筋和钢模板,并做到快插慢拔。
2. 严格控制强噪声作业,对混凝土输送泵、电锯等强噪声设备,以隔声棚遮挡,实现降噪。
3. 模板、脚手架在支设、拆除和搬运时,必须轻拿轻放,上下、左右有人传递。
4. 使用电锯切割时,应及时在锯片上刷油,且锯片运速不能过快,使用电锤开洞、凿眼时,应使用合格的电锤,及时在钻头上注油或水。

#### 15.3.3.4 废弃物管理

1. 施工现场设立专门的废弃物临时贮存场地,废弃物应分类存放,对有可能造成二次污染的废弃物必须单独贮存、设置安全防范措施且有醒目标识。

2. 废弃物的运输确保不散撒、不混放，送到政府批准的单位或场所进行处理、消纳，对可回收的废弃物做到再回收利用。

#### 15.3.3.5 材料设备的管理

1. 对现场堆场进行统一规划，对不同的进场材料设备进行分类合理堆放和贮存，并挂牌标明标示，重要设备材料利用专门的围栏和库房贮存，并设专人管理。
2. 在施工过程中，严格按照材料管理办法，进行限额领料。
3. 对废料、旧料做到每日清理回收。

## 15.4 扬尘治理措施

### 15.4.1 确定管理目标

严格按照 ISO 14001 环境管理体系标准，建立环境管理体系，制定环境方针，配备相应的资源，遵守法规，预防污染，节能减废，实现施工与环境的和谐，达到环境管理标准的要求，确保施工对环境的影响最小。

### 15.4.2 成立专门小组，专人负责

建筑施工现场防治扬尘和大气污染，实行项目经理负责制，并由专人负责扬尘作业的控制管理。加强对施工人员的宣传教育，提高施工人员的防治扬尘和大气污染的意识。

### 15.4.3 具体防尘措施

1. 工地内设置相应的车辆冲洗设施和排水、泥浆沉淀设施，运输车辆应当冲洗干净后出场，并保持出入口通道及道路两侧各 50m 范围内的整洁。
2. 施工中产生的物料堆放应当采取遮盖、洒水、喷洒覆盖剂或其他防尘措施。
3. 施工产生的建筑垃圾、渣土应当及时清运，不能及时清运的，应当在施工场地内设置临时性密闭堆放设施进行存放或采取其他有效防尘措施。
4. 工程高处的物料、建筑垃圾、渣土等应当用容器垂直清运，禁止凌空抛掷，施工扫尾阶段清扫出的建筑垃圾、渣土应当装袋扎口清运或用密闭容器清运，外架拆除时应当采取洒水等防尘措施。
5. 易产生扬尘的天气应当暂停土方开挖，并对工地采取洒水等防尘措施。
6. 禁止在施工现场从事消化石灰、搅拌石灰土和其他有严重粉尘污染的施工作业。
7. 从事平整场地、清运建筑垃圾和渣土等施工作业时，应当采取边施工边洒水等防止扬尘污染的作业方式。
8. 施工现场用地的周边应按有关规定进行围挡，围挡设置高度不低于 1.8m

（临主干道围挡不低于2.5m），四周连续设置。

9. 房屋建筑工程外侧应采用统一合格的密目网全封闭防护，物料升降机架体外侧应使用立网防护。

10. 施工现场出入口地面必须硬化，施工道路及作业场地应坚实平整，保证无浮土、无积水。

## 15.5 成品保护措施（见施工方案部分）

# 参 考 文 献

[1] 《施工员一本通》编委会. 施工员一本通. 北京：中国建材工业出版社，2007.
[2] 中国建筑技术集团有限公司. GB/T 50502—2009 建筑施工组织设计规范. 北京：中国建筑工业出版社，2009.
[3] 中国建筑业协会筑龙网. 施工组织设计范例 50 篇. 北京：中国建筑工业出版社，2003.
[4] 张洁. 施工组织设计. 北京：机械工业出版社，2006.
[5] 北京土木建筑工程学会. 建筑工程施工组织设计与施工方案. 北京：经济科学出版社，2007.
[6] 中国建筑工程总公司. 土木工程施工组织设计精选系列. 北京：中国建筑工业出版社，2007.
[7] 李宏魁，詹红梅. 建筑施工组织. 武汉：中国地质大学出版社，2005.
[8] 危道军. 建筑施工组织. 北京：中国建筑工业出版社，2004.

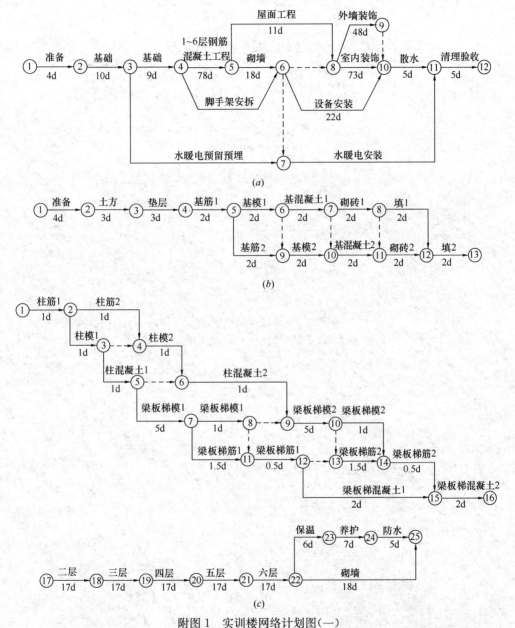

附图1 实训楼网络计划图(一)

(a)施工总进度计划网络图；(b)基础阶段施工进度网络图；(c)主体及屋面工程施工进度网络图；

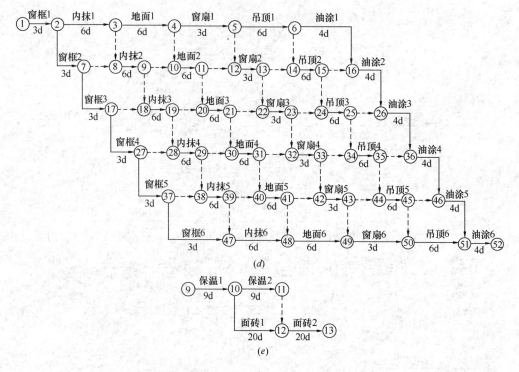

附图1 实训楼网络计划图(二)
(d)室内装修施工进度网络图;(e)外墙装饰施工进度网络图